建構非典型「成功價值」

市場分析

How t...

Out of Business

U0034696

富比士教你

跳脫商業框架

從商業領袖的思考模式借鑑，
重塑未來財富與領導力的戰略眼光！

（B. C. Forbes）
伯蒂・查爾斯・富比士 著
全春陽 關鍵 譯

財富之外，富比士眼中的「成功素養」為何？
富二代教育、企業家素養、品牌價值、商業倫理……
在變化的時代下，對個體與社會的深度思索！

「商業的目的是要創造幸福，而不僅僅是財富的堆積。」
——伯蒂・查爾斯・富比士

目錄

目錄

管理篇

目錄

幸福篇

How to Get the Most Out of Business

「商業的目的是要創造幸福，而不僅僅是財富的堆積。」

—— 伯蒂·查爾斯·富比士

前言

　　透過和全國知名的各界人士廣泛、深入地接觸，我寫了這本書。希望它能為你提供很多更好的建議，幫你從日常工作中獲得更多的教益。

　　「你說什麼更多？」

　　「當然是你想獲得的更多啦。」

　　「那又是什麼？搞不懂。」

　　「錢嗎？是不是啊？」

　　「幸福快樂嗎？」

　　「是的！」

　　無論是你還是我，天下的芸芸眾生誰不喜歡錢啊？因為我們相信錢能使我們更快樂、更幸福。

　　我聽說過很多百萬富翁、千萬富翁的失敗故事。他們按照自己的人生目標不斷奮鬥獲得了無數的金銀財寶和令人無法企及的地位和榮耀，但最終在人生旅途上迷失了自己，淪落到空虛幻滅、痛苦悲傷的結局。

　　但是也有一些風雲人物，不但獲得了物質上的財富，也獲得了人生的真正快樂，像友誼、威望、社會影響力和滿足感。

物質上的成功如果不能帶來精神方面的成功，就不是真正的成功。

事實上，很多物質成功是以精神失敗為代價的。

更為可悲的是，單純追求物質成功的人只有當聽到喪鐘敲響、死亡臨近時，才睜開眼認真看看世界，認真看看自己。

物質成功並不一定會帶來積極、活躍的人生以及充滿快樂和幸福的人生。如果人生目標正確，不但能獲得物質成功，也能獲得精神成功。

我寫這本書的目的就是想讓大家都來關注這些人生目標，定下自己正確的人生目標。

我不想講那些陳腔濫調的故事，還是講講現實生活中鮮活的例子吧。講講那些在金融界、工業、商業等各個行業傑出人物的人生經歷和人生哲學。在光鮮的背後，他們和你們一樣，經歷過同樣的困難和問題，也都在人生的漩渦中苦苦掙扎過。

如今的生活節奏太快了，人們每天活得就像打仗、就像拚命一樣。我們必須集中精力、全力以赴去打好每一天的仗。但是，生活上的、健康上的危險信號早就出現了，我們卻沒注意。最終，我們實現了夢想，可到頭來只覺得是虛幻一場。我們本想要得到幸福，可到頭來只感受到失落、苦悶、煩惱和幽怨。

仔細想想真沒必要啊！早知如此，何必當初呢？

我的這本書是寫給那些一天到晚忙忙碌碌的你。這本書也許寫得有些支離破碎、不夠完美、不夠連貫，但至少可以給你一點點建議，讓你停停、看看、聽聽，幫你掌握好人生的風向標，幫你如願以償，幫你獲得成功，獲得快樂，讓你幸福。

很多章節是我以前在各種日報或《富比士》雜誌上發表過的，我將這些稿件編輯整理出書，費了一番周折。我這麼做完完全全出於我對人文志業的熱愛，我願為此盡一份綿力。

畢竟，生活就是奉獻。

B·C·富比士

財富篇

是什麼造就了事業的成功

我們每個人都希望自己有成功的一生。如果不成功，我們甚至不配在這個世上走一遭，所謂「生當作人傑，死亦為鬼雄」就是這個道理。

可什麼是成功呢？

人們總指責我，說我太強調物質上的成功了。事實上，他們有點曲解了我的意思，我絕非他們所想像的那樣物質主義。在這裡，我有必要澄清一下，順便來概括一下什麼是成功：

成功就是為自己尋覓到位置，或創造出條件，使你自己能充分運用上帝賦予你的才能，勤勤懇懇、執著不悔、堅韌不拔地盡你所能為世界做出最大貢獻，縱然經歷無數苦難和失敗也不會悲觀失望，始終甘之如飴。

當今的社會是物質的，成功往往是以財富累積的多少而論定的，而不是以獲得了多少教益而裁定的。不過在某些行業，成功是按人們獲得了多少教益來判定的。

　　帕德雷夫斯基[001]的成就不是根據他的銀行存款判定的，而是由他超凡的政治才華決定的。同樣道理，沒人會根據莎拉・伯恩哈特[002]的財富來判定她的成就。沒有人會想愛迪生到底有多少錢，並根據他的財富多少來評價他的社會地位。老羅斯福[003]，也不是因為是部賺錢機器而成為當代最有影響力的人物之一的。林肯去世的時候，也沒什麼錢。像查爾斯・威廉・艾略特[004]、威爾伯・萊特[005]、卡斯・吉爾伯特[006]、約翰・辛格・薩金特[007]、約翰・布拉希爾[008]、威

---

[001] 伊格納奇・揚・帕德雷夫斯基（Ignacy Jan Paderewski，西元 1860 至 1941 年），波蘭鋼琴家和政治家，1919 至 1920 年曾任波蘭總理並於 1940 至 1941 年領導流亡中的波蘭政府。

[002] Sarah Bernhardt（西元 1844 至 1923 年），法國女演員，被認為是那個時代優秀的浪漫和悲劇演員，因其在《費朵拉》（Fedora）中的表現而首獲聲譽。

[003] Theodore Roosevelt（西元 1858 至 1919 年），1901 至 1909 年曾任美國第二十六任總統，他是美西戰爭的中心人物，1899 至 1900 年曾任紐約州州長並在 1901 年 9 月威廉・麥金利被暗殺後繼任總統。他的政策以通過禁止壟斷法案、建築巴拿馬運河及對外奉行「溫言在口，大棒在手」為特徵。他因調停日俄戰爭而獲 1906 年諾貝爾和平獎。

[004] Charles William Eliot（西元 1834 至 1926 年），美國教育家和編輯，1869 至 1909 年曾任哈佛大學校長，並且 1909 至 1910 年間編輯了一部世界文學的五十卷選集《哈佛經典》。

[005] Wilbur Wright（西元 1867 至 1912 年），他和他的兄弟一起發明了人類歷史上第一架真正意義上的飛機。

[006] Cass Gilbert（西元 1859 至 1934 年），美國建築家，矗立在紐約的 60 層的伍爾沃斯大廈就是由他設計的，他促進了摩天大樓建築的發展。

[007] John Singer Sargent（西元 1856 至 1925 年），是同時代美國最優秀的肖像畫畫家。

[008] John Brashear（西元 1840 至 1920 年），美國天文學家，自製過很多天文設備。

廉‧迪恩‧豪威爾斯[009]、愛德溫‧馬卡姆[010]、約翰‧巴勒斯[011]、路德‧貝本[012]、西奧多‧牛頓‧魏爾[013]、邁納‧庫珀‧基斯[014]、亞歷山大‧格拉漢姆‧貝爾（Alexander Graham Bell）[015]等人的成就也能靠他們的財富指數來衡量嗎？

令人高興的是，在各行各業人們已經在深入思考什麼是真正的成功。越來越多的現代企業領導人逐步意識到，如果不能對人類的心靈層面帶來等量的益處，即便獲取再大的財富也不能算是成功。

像湯瑪斯‧福瓊‧里安[016]、亨利‧羅傑斯[017]、詹姆

---

[009] William Dean Howells（西元 1837 至 1920 年），美國作家，1871 至 1880 年任《大西洋月刊》的主編。他曾給予許多作家，包括馬克‧吐溫（Mark Twain）和亨利‧詹姆士（Henry James）鼓勵。他也寫過許多小說，如《塞拉斯‧拉帕姆的崛起》（1885 年），和文學批評集。

[010] Edwin Markham（西元 1852 至 1940 年），美國詩人。

[011] John Burroughs（西元 1837 至 1921 年），美國自然主義者和作家，他生動的文章使他被視為一位自然界和藹可親的智者而倍受推崇。

[012] Luther Burbank（西元 1849 至 1926 年），美國植物學家、園藝家，是美國農業的先驅。

[013] Theodore Newton Vail（西元 1845 至 1920 年），美國著名的電話營運商，他採用閉路系統，集中供電等網路控制辦法，創造了在電話界的壟斷地位，他的營運方法也叫魏爾體系。

[014] 西元 1848 至 1929 年，美國鐵路大亨，營運霸主，對美國中部和哥倫比亞的運輸業產生重大影響。

[015] 西元 1847 至 1922 年，蘇格蘭裔美籍電話發明者。1876 年他用他的裝置第一次進行了電傳導講話聲音的表演。貝爾還發明了一種早期助聽器與聽力計，並改良了留聲機。

[016] 西元 1851 至 1928 年，美國菸草和運輸業大王，曾捐資修建維吉尼亞州里奇蒙的聖心大教堂。

[017] Henry Huttleston Rogers（西元 1840 至 1909 年），美國大資本家、商人、企業家、金融家和慈善家。

斯‧羅伯特‧基恩[018]、詹姆斯‧A‧帕騰[019]、丹尼爾‧J‧薩利[020]、丹尼爾‧格雷‧里德[021]、賀瑞斯‧哈夫邁耶22都是紅極一時的百萬富翁，可在現代人中還有幾個認為他們是美國的成功典範呢？

仔細想想就能明白，成功不是你累積了多少財富，而是你為人類做了多大貢獻，是否配得上成功人士的名號。

靠坑蒙拐騙、見風使舵、投機取巧和其他不正當手段獲得巨額財富更算不上是成功。

亨利‧福特[022]不就是為國民、為全世界的人們做了很多善事嗎？他捐資的時候從不吝惜。

詹姆斯‧J‧希爾[023]死的時候非常富有。誰也無法否認他為美國的發展做出了傑出貢獻，他使一片不毛之地變成了萬頃良田。

關於金錢，人們已經說過太多的話、寫過太多的字了。

---

[018]　西元 1838 至 1913 年，美國華爾街的金融家，也是混種馬培育、飼養專家。
[019]　西元 1852 至 1928 年，美國著名金融家和糧食經銷商。
[020]　西元 1861 至 1930 年，他是美國富有的棉花經銷商，是演員范朋克（Fair-banks）的岳父，外孫小道格拉斯‧范朋克（Douglas Fairbanks Jr.）也是好萊塢著名男演員。
[021]　西元 1858 至 1925 年，美國企業巨頭和慈善家，人送外號「錫鐵大王」。
[022]　Henry Ford（西元 1863 至 1947 年），美國汽車製造商，1893 年他改進了汽油為燃料的汽車，1903 年成立了福特汽車公司，1908 至 1927 年大量生產大眾負擔起且廣泛使用的最早的 T 型車，使福特汽車公司成為全球知名的汽車公司。
[023]　James Hill（西元 1838 至 1916 年），美國鐵路大王。修築了北方大鐵路，與J‧P‧摩根一同在一次股市競爭中從 E‧H‧格林手中奪得對北太平洋鐵路的控制，從而導致了 1901 年的大恐慌。

　　我相信人們應該賺錢，不是靠坑蒙拐騙撈錢，而是老老實實、勤勤懇懇地賺錢；不是光數鈔票，而是要去爭取人類的特殊榮譽。

　　很多人、很多公司都賺了很多錢。闖蕩事業就是為了實現壯志雄心，就是為了賺錢是很自然的，也是必須的。但錢並不一定要靠非法欺騙的手段才能賺到。

　　剛才已經提到，令人感到寬慰的是很多企業的領導人已經意識到累積財富不是做事的最終目的。企業的最終目的是：不但要賺錢，還要回報社會。任何商人或企業家都想獲得社會的高度認可，都想名揚天下。名揚天下不能靠財富的累積，而要看這個人為社會做出的貢獻。

　　成功不能寫成「錢功」。

成功需要的四種重要特質

我們每個人都想要發展，每個企業都想要發展。

讓我想想哪些事會幫助個人和企業向前發展。

要想獲得進步，就要確定目標，懷著真誠，執著向前。如果不夠真誠、不夠執著，你的所有努力，整個生活就是一個謊言。不真誠的人是不值得人信任的。他住在一個虛假、虛幻的環境中。他要時刻保持警惕，防止自己的真正動機、真正自我暴露出來。俗話說得好，說謊的人在謊言被揭穿之前一定曾有美好的回憶。不真誠的人總是要保持警惕，要時刻保持像福爾摩斯那樣機敏才能不敗漏心中的祕密。

真誠的人不怕被人刺穿自己的脆弱盔甲，也沒有什麼好隱藏的，因此也就不用總是緊張地保持警惕。

除了真誠執著，我認為第二重要的是勇氣。

沒有幾個人和企業總能逃過壓力和動盪。障礙出現了，身心感到極度的失望，計畫進行出現錯誤，命運似乎下定決心要壓垮我們，有時事情看起來毫無希望，我們不禁絕望地說，「一切於事無補」。

這時只有勇氣才能挽救我們。不妥協的勇氣源於對目的

的真誠執著，來自我們意識到自己的努力和汗水都是值得的，源於認為自己必然會成功的信念，「道德心讓我們變成膽小鬼，」莎翁曾這樣說過。但是道德心也會使我們成為英雄。

下一個就是耐心。

人們經常需要保持耐心，甚至是要超過忍耐極限。我們辛苦工作，我們計劃、實施，然而辛勤的努力之後並不總能收穫成果。我們看到其他人跑到我們前面，我們看到別人付出的努力和堅韌還不如我們付出的一半，卻變得非常富有。因此我們很容易沉湎於人類最致命的弱點之中 —— 自怨自艾。我們認為命運總是跟自己開玩笑。

只有耐心會支撐我們前進。如果我們的真誠，我們的勇氣和耐心使我們能夠思考並意識到「只要我們不退縮，我們終將有所收穫」。我們就能夠繼續埋頭苦幹、辛勤工作直到獲得勝利。

在分析進步和成就所需的特質時，千萬不要漏掉無私這一項。能夠真正獲得成就和滿足感的人，不是那些只想著為自己賺大把錢和獲得無上權力的人，而是那些誠摯地希望能為所有人服務的人。

一棵樹的大小和力量是由它樹根的尺寸和力量決定的。也許不是所有的人和企業都是這樣，但我敢確定大多數佼佼者或成功的企業都是在土壤中深深地埋下了正義的根，都曾

打下最牢固的基礎，都曾經歷長時間辛苦的計劃和勞作。當你看到一棵參天大樹，它必定有與之相配的樹根。

當你到達了人生的高點，到達了商業的高處，在很多情況下，對人性的了解都是至關重要的。只有富有同情心的人才能真正了解人性，人一定要有同情心。誠然，有些成功是透過苛刻獲得的；有些成功是透過自私獲得的；有些成功是透過冷酷獲得的。但是這種成功最終是不值得爭取的。

我堅信，凡是那些努力地培養這些特質的人在讀完這一章後會發現自己並不是個失敗的人。

> 有很多人絕不會讓自己的汽車散熱器生鏽，卻允許自己的腦袋生鏽。
>
> 要想讓公司得以發展，員工們首先要提升自己，要不就辭職。
>
> 要想知道一個人是否有潛力，就先出難題給他。

成功的巔峰上沒有膽小鬼

你曾經想過放棄嗎？不想一再地在痛苦的事情中掙扎了嗎？

赫伯特‧N‧卡森，一位知名的英國商業作家，講述了一件事：

上個月，一個英國人告訴我說：在南非有一個金礦，叫白色羽毛。

第一個人挖了超過 200 英尺深，然後放棄了，認為自己運氣不好。說白羽毛飛了。

他把他的礦以很少的錢賣給了一個新來的人。這個新來的人一直勇敢地向下挖，第一天就挖出了一大堆金子。從此他就掏到了一大筆財富。

第一個人在距離一噸金子只有 12 英尺的地方停止了挖掘。

在美國工業史上，凡是取得非凡成就的人，都遭遇過這樣或那樣的冒險，但他們都憑著非凡的勇氣最終取得成功。在成功的巔峰，你看不到膽小鬼。

財富屬於那些滿足大眾品味的人

一位來自西雅圖的富有貴婦從巴黎一家有名的服飾店裡購買了一件十分昂貴的晚禮服。回家後，她驚駭地發現在當地最好的一家百貨公司的櫥窗裡展示的正是這件禮服的複製品。她立刻就下定決心，再也不會穿這件昂貴的禮服了。（順便說一句，當這家百貨公司的老闆聽說了這位貴婦的煩惱時，立即就停止出售這款禮服了。）

亨利·福特發現他在小型汽車產業裡長期以來堅不可摧的地位正在動搖，因為越來越多能買得起小型車的家庭不願意購買福特車。他們的理由是現在福特車太普及了，簡直成了某一種社會階層的標記，不再是身份的象徵了，但事實並不像人們想的那樣。

社會名媛引進一件新款禮服，立刻被普通製造商大量複製，幾乎是一夜之間普及了這種款式。款式一旦普及，那些名媛貴婦就立刻放棄這種款式去尋找其他不是大街小巷都看得到的款式去了。

您覺得衣服跟商業沒有什麼大的關聯嗎？

我認為，基於這幾個例子所揭示出的人性問題，我看到

了一種民族進步或是民族革命的到來，這一革命將強有力地影響商界的許多行業。

簡言之，越來越多的美國人和美國家庭已經達到了一定的文化水準和財產地位，這一地位使他們有能力開始追求有別於大規模生產的東西，有別於嚴格標準化的東西，有別於普及的、平凡的東西。

我認為，現在不少財富都等著那些準備迎合大眾新需求的人去攫取。大眾渴望那些能體現美國最新、最好技術的東西。現在對於外國古董的狂熱已經有些減退，人們開始更願意收藏那些能體現出最好的本土藝術和技能的產品。大規模生產的東西已經無法滿足那些挑剔的有錢人了。他們現在想要與眾不同的東西。

現在人們瘋狂地精挑細選最獨一無二的傢俱、掛毯、室內陳設品、汽車、半導體、手錶和珠寶、服飾、書籍、包裝等等物品。專門給人家定做最昂貴的鎖具和其他器皿的工匠告訴我，他根本就無法應付那些如潮水般要求製作最好器皿的電話。在這個國家，好的工匠數目還不夠完成一半的需求量呢。

誠然，大規模生產曾給這個國家帶來了難以估計的繁榮富強。但是隨著品味的提高，隨著不斷地旅行和學習，人們越來越渴望擁有真正優質和獨一無二的物品，而且成千上萬

的家庭也有足夠的錢來滿足自己這一願望。

令人高興的是，一種更廣泛、更深入地鼓勵美國現代藝術和工藝的願望不斷發展壯大。其潛在的精神並不是趕時髦，有時候，趕時髦確實是有想要擁有稀罕物品的潛在意識。現在愛國精神、博學精神和對美的熱愛正在醞釀之中。

在學會了如何生存之後，美國終於培養了某種值得嘉獎的野心，某種不甘於只是生存狀態的野心。美國人希望擁有真正有價值的、能永遠美麗的、浸染著設計師的生命和靈魂的物品。

> 自身渺小，就會把困難看得很大。
>
> 有前途的人是來得恰到好處的人。
>
> 航行在生活的海洋，最寶貴的船是友誼之船。

如何打贏生意這場比賽

「你認為我從商是為了身體健康？」經常有人輕蔑地這樣說。

不過，我說的沒錯。

我曾有幸在一次大型集會上發言，到場的人都是伊利諾斯州製造商協會的成員。我討論的話題是「如何打贏生意這場比賽」，我當然知道他們中的大多數人都不是年輕人，而是中年人、甚至是老年人，都是些富有的人。據我觀察，這些人的主要問題是如何從他們的生意中獲得最大的幸福感而不是最多的錢。

畢竟，那才是我們有意識或無意識真正追求的東西。

那麼我們該如何打贏生意這場比賽才能為別人也為自己帶來更多的幸福呢？

我認為，答案很簡單。

首先，直接先想想最後一步，你到底想從你的工作、你的生意和生活中獲得什麼？你馬上就會說，從商當然是為了賺錢。

但是你要錢又為了什麼？如果錢放著不用，它的用處不

比一塊鐵或一塊黃銅的用處多多少。

你其實想要錢是因為它使你有能力做一些事情。

你為什麼想做這些事情？

很明顯，因為你相信他們會帶給你滿足感。

這就可以解釋為：你從商是為了幸福。

那麼，怎樣做生意才能產生最大的幸福感？

從我近二十年來與兩百多名看起來「成功的」金融、工業、鐵路、公用事業、商業巨頭打交道的經驗，我發現這樣一件事：那些賺錢賺得最多的人並不總是得到最多幸福的人。

為什麼有些百萬富翁、千萬富翁很幸福，而有些卻一點也不快樂？

答案就在於他們是怎樣打生意這場比賽的。

讓我來舉些具體的例子：

龐大的美國毛紡公司創始人威廉姆·M·伍德的一生就是一個悲慘的例子，這個例子告訴我們打生意這場比賽，有些事情不該做。他如此地壓榨工人，以至於工人們聯合起來進行反抗、罷工，造成流血事件，並對他的行為進行控訴；他無情地傾軋其競爭者，吝嗇地對待其合夥人；沉迷於在證券市場上投機；為了自己的私利而利用或濫用公司的基金，就好像這些基金是他自己的。透過這些手段和其他一些可恥的

方法，他得到了上百萬美元的財富，然而他的人生就是一個完全的失敗。他在事業中什麼都沒獲得，只獲得了苦惱；他的家庭生活則更是不幸。

最後，他身心備受折磨，可以說是自己葬送了自己的生命，這並不是個不合邏輯的結果。

查爾斯·M·施瓦布（Charles Michael Schwab）則是一個成功的例子，他完美地打贏了生意這場比賽，他不僅贏得了很多的幸福感還交到了許多的朋友。

從一開始，施瓦布就從心底善意地對待他的員工和合夥人。不像伍德，他讓許多手下擁有了財富。在鋼鐵產業裡，沒有一個人比他更受愛戴。

要知道施瓦布從不討厭錢，他總是盡全力地去賺錢，賺很多的錢。他成功了，卻沒有忘記一個基本事實，那就是擁有朋友這筆財富要比擁有物質財富重要得多。因此，他非常努力地打生意這場比賽，卻抱著公平和寬宏大量的態度，並且無論是處於劣勢還是順境都能保持愉悅。

如果一個人沒能贏得自己手下員工的好感，那就不能說他是在明智地打生意這場比賽。

人在商場，不能為外表所迷惑，友好的人很可能更難對付。

認真地打這場比賽去贏取最大化的成功，那就是幸福。

有成就的人在到了中年的時候必須把生意排在家庭生活、家庭樂趣和全家度假之後。

然後，隨著年齡越來越大，最好給予有價值的年輕人更多的機會去承擔責任，去展示他們的價值、獲得更強大的能力。

亨利·福特有很多愚蠢的觀念，但他最終揭示出一個正確的道理：僅僅以聚斂巨額財富為目的的生意，最後既得不到錢也得不到滿足感。

是在說教嗎？不是。這只是在日常工作中獲得的一些常識。

> 堅定地前進！
> 自滿可能意味著停滯。
> 當別人欺騙我時，我為他感到可恥。

生意為什麼衰敗了

「我宣布我將重新在以前的地點行醫,我將要親自治療我的病人,從今以後再也不聘用助手。」

這段話源於紐約一位牙醫的公告。我是他多年的老主顧。他曾經非常成功。但後來他開始對打獵和參加西部戶外活動越來越感興趣,玩樂勝過了他自己的工作。他先請了一位助手,後來又請了一位。他治療病人的時間越來越少,漸漸地,他根本就不再出現在診所裡了。他為我治療的時候,我從來沒有不滿意過。但在他的一位助手給我治牙後,我就去別的牙醫那兒了。現在他發表了這樣的公告。

這件事對你有什麼啟示?

有時候你可能聽到有商人說:「我把我的買賣安排得很好,就算我不在那裡生意也運作得跟我在那裡一樣。」任何一個走上軌道的企業都能在暫時沒有領袖的情況下依然有效率地運作。但如果它能永遠在沒有領導人的情況下和有領導人在的時候運作得一樣,那就說明他是非常多餘的人,一個公司的附屬品。

所有的病人和我的想法都是一樣的。我並不反對助手來

治療，但要有牙醫本人在旁邊指導和監督。但是，當牙醫完全放手讓助手去做，助手們並不能讓我們滿意。牙醫很及時地意識到如果他打算繼續開他的診所，就不得不收起他的獵槍，回來工作。

假期對所有人都是有益的。如果專家學者宣布在這個超現代、高壓力的時代，事務繁忙的人既應該享受寒假還應該享受暑假，這聽起來很有意義。但有時假期也可能放過了頭，正業可能會被過分忽視。適當的娛樂有助於人做更多並更好地工作，過分的娛樂對任何企業都不是件好事。當你娛樂的時候，記得你的對手正在積極地工作。

聰明的人總會想辦法來豐富自己的頭腦，他的錢包自然而然也會滿滿的。

凡事總是愛生氣的人，將發現自己總是被人拒之門外。

24克拉的金子必須經過火煉才能提純，正如你我。

生意場上仁慈是障礙嗎

在生意上，心懷仁慈是種不利因素嗎？

你可能聽過一個商人這樣評價另一個商人：「他還不錯，就是太宅心仁厚了。」一些小主管經常會這樣說。然而，當我在腦海裡思索著一些最成功的領袖，我發現他們中的許多人都應該歸類為「仁慈的人」而非「無情的人」。誠然，有很多大型企業的領導者是嚴格的、頑固的、甚至是專橫的。但是也有許多其他類型的領導者（我不清楚是不是跟前一個類型一樣多），他們熱誠、慷慨、無私，民主而非專制。他們的親切吸引了很多的朋友，他們非常寬容，他們有時慷慨得過度以至於到了濫用的地步。

從某種意義上來說，心懷仁慈是種不利因素。但大致上看來，一顆仁慈的心總是比無情的心更容易被人接受。無情的、嚴格的、專橫的巨頭們可能有時會取得更大的成功、聚積更多的財富。但比起那些更感性的人，這些人從生活中獲得的真正快樂要少得多。正是那些無情的老闆，而非仁慈的老闆導致了絕大多數的罷工。

培養出一顆溫暖的心，而不是冷酷的心。

怎樣才能贏，怎樣才會輸

　　有位非常傑出的銀行家。世人來看，他是成功的，因為他是百萬富翁。

　　事實上，他是個失敗的人。

　　他的愛好是園藝。他擁有一片美麗的土地，並將大量的時間和心思放在他種的花上。他總是帶著無限的喜愛，親自精選花的品種，將花種在盆中，再移出來，親自種植和嫁接、剪除、施肥。他認真地致力於培育他的花草，使之臻於完美。

　　但是他是如何對待他自己的家人和員工的呢？

　　他與家人的關係 —— 怎麼說呢 —— 並不是很親密，也不是很和諧。

　　他給予這些植物的心思、關心、關懷和熱愛從沒有給過銀行裡的員工。

　　很多時候，當一棵花或灌木的幼苗長得過大而不適合在花盆裡生長的時候，他總是小心地將它移植到它能夠伸展開來的地方。

　　但是，在他擔任銀行主管的這些年，可以說他手下的每

個人都是困在不合適的花盆裡。對於任何一個人，無論他有多能幹，他也只是分配一些明確的任務，不給他們任何發展和提升的機會。他從不鼓勵任何員工，包括高級職員，甚至不允許他們僭越分配的小任務去做更重要的工作。在他的花園裡，他給花兒大量施肥，讓它們成長。但是在他的銀行裡，他卻非常吝嗇地使用他的肥料——金錢鼓勵。

因此，當他的大限來臨時，他並沒有留下任何訓練有素的接班人，也沒有留下幾個真心實意的哀悼者。

對他來說，錢比人更重要。在金融界，人們對他銀行家的身分評價不高，而他自己的員工和熟人對他身為一個人的評價也不高。

你能認為這樣的人，這樣的人生是成功的嗎？難道不該認為他是個失敗的人嗎？

對於那些身居要職的人，人們對他們領導才能的評價越來越傾向於他們激勵、培養和使別人成為巨頭的能力上。事實上，這項能力是檢驗的最高標準。現在，如果你全然不能培養出大人物，或至少發展出一個適合做自己的接班人的成功人士；無法顯示自己能夠培養他人登上成功巔峰，你的能力就會受到懷疑，你就無法獲得他人尊敬。並不是許多美國大人物具有這種能力。洛克菲勒（Rockefeller）擁有它。美國的標準石油公司創造了一群真正的商業巨頭。卡內基

（Carnegie）能力更強，他培育了幾十個成功的人，他們不僅成為了百萬富翁、千萬富翁，而且還都是些具有傑出能力的人。希爾本身就是極有能力的人，賦予了很多人極好的起點，但他是如此的專橫，以致沒有幾個有能力的人長年留在他的身邊。事實上，他的公司只是個人公司。哈里曼也是個專橫的人，但在後期，他用心挑選並發展了幾個人，使他們變成了成功人士。

約翰‧H‧帕特森（John Henry Patterson）有著非凡的慧眼，能夠發現有前途的年輕人，高強度地培訓他們，使他們勝任自己的商界高位。在這個方面，沒有人比 C.A. 科芬更讓人記憶深刻。他是傑納勒爾電子公司的創始人。有很多「科芬弟子」在很多重要位置任職。他總是有本事發掘出身邊人的潛力。

另一方面，亨利‧福特則是一個獨行俠的榜樣。早期在他手下最有頭腦的一些助手，發現在他手下工作十分不愉快，便一個接著一個地離開了他。他的兒子 —— 埃德塞爾（Edsel）—— 也被任命了一個極不尋常的職位。法官凱理（Judge Gary）並不是第二個卡內基。施瓦布盡力跟隨上任總裁的腳步。慈善家小蘇格蘭人成功地發展了十幾個年輕人，使他們變成了有能力的、富有的總裁，其中包括施瓦布堅持認為是整個鋼鐵界最傑出的人 —— 尤金‧G‧格雷斯。

　　在商界，馬歇爾‧菲爾德（Marshall Field）培養出了許多著名的職業人士。約翰‧沃納梅克（John Wanamaker）則沒有。

　　將一個巨型企業完全委託給一個自我的人，而且這個人缺乏培養其他人、使其能夠勝任重要職責的能力，這樣的時代已經一去不返了。將來的美國公司將會變得很龐大，根本不適合一人管理的模式了。獨裁不得不向協同合作讓步。傑納勒爾汽車公司就在這方面取得了引人注目的進步，他們將企業發展成可以有效應對這種新秩序的類型。

　　領導人有個人愛好並沒有錯，不論他的愛好是花還是小提琴。但是，畢竟還是人更重要。

聖‧彼得不會問「你帶來了什麼？」而是問「你做了什麼？」

要想與他人和睦相處，試著看透他們的眼睛。

隨波逐流的人總是無足輕重的。

小本生意的失敗和大型企業的成功

為什麼這麼多小本生意失敗？

為什麼這麼多大型企業成功？

一個原因就是許多從事小本生意的商人並不知道金融占星（Financial Astrology）師和天文學家的區別。

現在成功人士們越來越注重對各類商業知識的學習。他們學習金融、工業、行銷、運輸、工程、信貸、勞工、社會和社區環境和人性等各方面知識。占星術不能算是科學，而天文學是。

換句話說，太多小本生意的商人只是在猜；單憑經驗做事；他們只看得到眼前的事情。

有頭腦的商人則致力於發展全面的知識，收集全面的資訊，採用全面的觀點，培養全面的想像力。

我們最精明、最富有的投資者們已經意識到，他們所投資的並不是工廠或是工作坊，經過最終分析，他們投資的是人性。我們最進步的金融機構也意識到了這一點。

那麼，在這些投資者擲重金投資某個企業或某一財政機構時，在給某家公司放貸或為其發行新債之前，他們都會怎麼做呢？

簡單地說，他們會對這個公司進行徹底的調查，不僅要調查公司的固定資產，還要調查公司的人力資源。

例如，某位有錢的投資人或某家銀行對某家工廠感興趣，他們會派一名或幾名專家對該公司進行徹底的調查，他們會調查該公司管理層的特點和管理才能，還會調查工廠工人對其領導層的態度。工人是否對這個工廠忠誠？勞工流動率是高是低？工廠建立的位置是否便於連續不斷地獲得有效率的勞工？工廠所在社區有沒有能夠吸引高品質工人家庭的學校、教堂和娛樂設施？當地居民是否對這個工廠評價很高，還是說大眾和行政機構對其充滿敵意？

現在，所有妥善營運的投資方都是先弄清這些方面，再根據這些具體情況做出合理判斷。

難道我們從未意識到，其實每一方面都跟人有關嗎？

品牌比固定資產更有價值

福特公司拿出好幾百萬美元為他的 1,927 款汽車做廣告；通用汽車花更多的錢為它的各種產品做廣告。

為什麼道奇兄弟的遺孀每年能從銀行家手裡拿到 1.46 億美金？主要是因為廣告讓道奇汽車家喻戶曉；是什麼讓威廉姆．里格利成為芝加哥最大的納稅人？又是什麼讓使喬治．伊士曼（George Eastman）賺到了 1 億美元？那就是廣告。

廣告使金融業和股票市場發生了新的變化。

就在不久前，任何一個負責任的投資機構都不會給沒有固定資產的企業發行債券或股票。這些固定資產包括大樓、機器設備、原物料和成品等等。

那時有價證券都是以實際資產為基礎的。

當伍爾沃斯企業浮出水面時，它的資產負債表上數目最大的一項引起了一片譁然，那就是，「品牌」價值 5 千萬。

從前，老派銀行家和投資者們對這樣的做法感到迷惑不解。他們認為僅僅依賴所謂的「品牌」——一件看不見、摸不著、無形的東西籌集到價值百萬美金的有價證券簡直就是天方夜譚。

伍爾沃斯事件之後，銀行家和投資人們就明白了，在債券或股票背後真正重要的並不是大樓或器械，而是賺錢能力、增值能力。

利息和分紅不是由房產、工廠或是器械支付的，而是由利潤產生的。

可口可樂公司憑藉其價值 2,070 萬美金的品牌和價值 1,500 萬美金的資產在 1926 年獲得了 8,000 萬美金的利潤；然而匹茲堡煤炭公司有 1.56 億美元的資產和有價證券，卻一分錢也沒有賺到。

很多銀行家和投資人花了很久時間才明白這一事實。近幾年，財富都被那些靠廣告樹立起名聲和品牌的企業獲得，當然這些企業還要有品質優良的產品。

是什麼使克萊斯勒汽車公司在很短的時間就跳到行業前列？是廣告。雪佛蘭在 1927 年銷售得最多，因為它在廣告上投資了上百萬。其他花了上百萬廣告費的汽車公司有道奇、別克、斯圖貝克、威利斯大陸艦、奧克蘭和奧茲。

是什麼讓可口可樂公司變成了一座金礦？為什麼加拿大薑汁汽水這麼受歡迎，並且為股票持有者帶來了如此豐厚的利潤？是什麼使金灰成為歷史上最能賺錢的雙胞胎公司？為什麼麥夫泰格牌洗衣機比其他洗衣機賣得好？為什麼我們都用懷特洛克？為什麼帶商標的麥片早餐走進了千家萬戶？上

面每一個問題的答案都是 —— 廣告。

最近在《墨水》上刊登了一篇社論，該文分析了股票市場後指出：當人們觀察到很多企業以年度最好的價錢賣出了他們的股票時，人們立刻驚奇地發現這些企業都是給產品大量打廣告的企業。很明顯，在好的企業管理中，做廣告是重要的一環。而且由廣告造就的產品也藉由廣告成就了該企業的股票。

「你最大的障礙是什麼？」一位高爾夫球員問另一位高爾夫球員。「情緒。」另一個人回答。

每個人都必須投身於公共事業。

只有一張辦公桌並不能使你成為一個傑出的人。

鑄造成功就像建造教堂一樣

　　有時我想獲得成功就像建造一座內部結構繁雜、宏偉輝煌的大教堂一樣。

　　一扇具有高度藝術美感的大門，或是一座令人印象深刻的尖塔，亦或是一方壯麗的天花板都構不成宏偉輝煌的教堂。建成一座讓人印象深刻的教堂必然充滿著設計藍圖時的無盡辛勞，鋪設地基時的小心翼翼。還要用心地為牆壁、大門、窗戶、塔樓、尖塔、屋頂選擇恰當的材料，選擇合格的建築商來完成每一個階段，慎重地布置並美化教堂內部。

　　成千上萬塊大大小小的石頭、成千上萬根木頭、成千上萬扇窗框及各種顏色的玻璃，成千上萬件大大小小的裝飾物都需要去採購、去準備，還要懷著極大的耐心，有智慧地將它們搭配在一起。

　　鑄造成功的事業或創建一個成功的公司跟建造一座教堂並沒什麼兩樣。

　　成功不可能一蹴而就，無論你有多聰明。成功不可能突然而至。成功是百萬次思想和行動後的最終成果，是經歷了百萬次徒勞無功的努力、百萬次實驗後的最終結果。

一個教堂的輝煌和持久性並不僅僅取決於大眾所能看到的部分，而是取決於它的地基，取決於厚重牆壁下的石頭、水泥和磚頭，取決於木材的堅固和強度，取決於玻璃的品質，取決於屋頂下所有材料的優良品質等等。

鑄造個人或是企業的成功也是這樣，通常這是一個緩慢而費力的過程，要求在無數小的事情上付出最大的努力和智慧。像蘑菇一樣快速生長的成功通常也會像蘑菇消失一樣迅速地結束。

因此，不要心急。要去思考、去計劃、去埋頭苦幹，要一直相信你心中的目標是真正值得擁有的，是值得你為之奮鬥的目標。

如果真像科學家告訴我們的那樣：僅僅在一粒原子裡就有著人類無法計算的能量，你我就該感到弱小、無助嗎？

記住，最堅定的大樹必然有最牢固的根。

好的藉口無法改變壞的結果。

摩根的商業法典

J·P·摩根 [024] 並沒有什麼演講天分，但在大家的遊說之下，最終同意在一次銀行家的集會上演講。這次集會是為了紀念老銀行家喬治·F·貝克而舉行的。摩根先生一字一句地說：「如果需要我說出我們這個行業的道德法規的話，我認為第一條法規就應該是：『永遠不要為了迅速取得你渴求的某件東西而去做你不贊成的事情。』因為無論是領導一個企業還是駕駛一艘輪船，安全的捷徑是不存在的。」

毋庸置疑，摩根集團是當今金融業中最強大的集團，那它是如何取得這樣傲人的地位的呢？

已故的 J·P·摩根確實有能力，但更是他的誠信使他成為無人質疑的領導者。沒有任何一個銀行家或金融家質疑過他的話，摩根的承諾就等同於摩根的行動。

---

[024] 19 世紀末 20 世紀初，美國金融帝國的主宰者，更是華爾街的「王者」，是美國民間的核心銀行家，就連美國總統老羅斯福都不得不公開承認摩根在美國金融界的「獨霸局面」。和摩根競爭的約翰·洛克菲勒等人，也曾一度表示「聽命」於摩根。華爾街的金融巨頭把 J·P·摩根公司當成「銀行的銀行」，也把 J·P·摩根當做「銀行家的銀行家」。1907 年，華爾街面臨崩盤的危難之際，J·P·摩根曾經發揮了像是今日中央銀行的作用，穩定了美國的金融秩序，避免了華爾街的滅頂之災。

因此，好好想一下他提出的商業法典。

身擔重任的人：不創新，就得滾蛋。

摩根的交友觀

　　毫無疑問，大眾認為 J‧P‧摩根只關注金融事務，因為他是全世界最具影響力的金融機構的總裁。

　　他曾向人們展示他的另一面。

　　大眾可以在紐約公共圖書館看到一些珍貴的舊手稿。這些手稿大部分都是由已故的 J‧P‧摩根收藏的，後來，摩根的子孫又加入一些新的收藏。摩根先生經常和幾位朋友交流這些收藏，不僅展現出他對這些手稿及其作者的了解，還表現出他的幽默感和一些不為大眾所知的性格。摩根先生會滔滔不絕地一部老手稿接著一部老手稿地講，還會講到關於這些手稿的一些有趣的事。他對伯恩的某些手稿的評論展現出他詩情畫意的情懷。他指著一位詩人在手稿上的一處修改評論道：「這麼一改這首詩就更朗朗上口了。」

對雪萊的〈印度小夜曲〉[025]那份手稿他評論說：「他們把他[026]的屍體從水裡打撈上來，從他的口袋裡找到了這份手稿。這就是為什麼這份手稿墨跡非常的淡，因為它在水中浸泡過，我很擔心墨跡會變得越來越淡。」

J．P．摩根擔心老手稿上的墨跡會變得越來越淡，這真是這位最傑出的銀行家不為人知的一面，不是嗎？

摩根先生的一位熟人告訴我：「摩根先生變了，你知道，他以前過於直率，他不會去照顧別人的感受。在某些性格上，他非常像他的父親 —— 心地善良，但他的舉止行為卻極富攻擊性。」

「現在摩根先生不是那樣了，他已經改掉了他過於直率的性格。他的行為也不再專橫，而是變得民主多了。」

「現在摩根先生唯一想做的就是交一些真正的好朋友。」

我認識像摩根先生這樣的人，他們在奮鬥的過程中，不太重視友誼的重要性，但到了老年，就變得極易相處。

亨利·克雷·弗里克（Henry Clay Frick）也是這種類型

---

[025] 午夜初次在甜夢中見到你／我從這美夢裡醒來／晚風正悄悄的吹拂／星星閃耀著光芒／午夜的初次甜夢中見到你／我起來，任憑腳步把我帶到你的窗前／漂移的空氣沉醉在幽暗而寂靜的流水上／金香木散發著芳香／比不上夢中甜蜜的想像／那夜鶯也不再訴願／怨聲消失在她的內心／讓我也死在你的懷中吧／因為你是這樣的可愛！／啊，把我從草地上舉起！／我眩暈！我昏迷！我消亡！／讓你的愛化作吻雨／灑向我的眼和我的嘴／哦，我的臉蒼白而冰冷／我的心跳得急切而有力／哦，在它最後破碎之時／快把它壓在你的心上

[026] 雪萊

的人。在他奮鬥打拚的那些年，他就像個鬥士，只關注如何才能勝利。但是當他不再為賺錢而焦慮後，他經歷了一次徹底的轉變。他控制住了自己的脾氣，花大量的心思和時間來交朋友，做了許多大大小小的善事。

我偶然得知，在垂暮之年，他最後悔的就是沒有早點更改自己的生活方式，否則可以獲得更多的尊重。

洛克菲勒家族在交朋友這件事上出了兩個極端的人物。約翰‧D‧洛克菲勒的哥哥威廉‧洛克菲勒事事都要爭第一，他總是為自己而活，所以根本沒交到幾位朋友，甚至都沒有在身邊的人當中交到朋友。

約翰‧D‧洛克菲勒則與他正相反。他從一開始涉足商場就致力於交朋友，當然有些是出於商業動機。他曾告訴我說他花大量的時間從事社交以便見到更多的人，然後試著和他們交朋友、獲得他們的信任。這樣的話他們才會放心地把生意交給他。

不得不承認，在他建立標準石油公司的時候，他樹敵無數，但洛克菲勒先生也交到了很多朋友。在整個標準石油公司內部，沒有人比約翰‧D‧洛克菲勒更受歡迎。他在創業之初招致的敵意深深地刺痛了他，而在他生命的最後 15 年，大眾對他的態度發生了改變，沒有什麼比這更能讓他感到滿意的了。

　　已故的詹姆斯·斯蒂爾曼曾是紐約最冷酷的銀行家。他是美國銀行業說「不」說得最多的銀行家。斯蒂爾曼先生在老年的時候，內心也發生了巨大的變化。但不幸的是，他沒有活得夠長，多做善事，彌補自己以前的壞名聲。斯蒂爾曼先生死的時候是個不幸、失望的人。我知道的這些，都是他親口告訴我的。

　　美國銀行家的領頭羊喬治·F·貝克則擁有很多的朋友，卡內基也是。

　　仔細想想，我越來越相信，只有擁有很多朋友，擁有真正的友誼，才是長久之計。

　　為什麼非要等到垂暮之年才想到選擇一個更人性化的、更和諧的、更有益的、更友好的生活方式呢？

判斷力良好的人通常會成功。

豐富的頭腦是最有價值的行李。

精誠團結、裝備精良就能使團隊所向披靡、無堅不摧。

失敗使人進步。

有遠見的經理不會只忙於今天的事務，他會計劃明天的事情、下個月的事情、明年的事情。

林肯的領導之道

林肯這支股票正在上升，而喬治‧華盛頓（George Washington）那支卻沒有。

我想，這其中的奧祕從當今工業和商業的發展趨勢中就能略見端倪。

我的孩子們更多地問到林肯而不是喬治‧華盛頓。他們對我們的國父 —— 華盛頓有著無限的景仰，但他們卻更「熱愛」林肯。鐵路業奇才格林曾用「生活在比我們更高層次的空間」來形容某一位與他同級的金融巨頭。在年輕人的心目中，喬治‧華盛頓存在於更高層級的地方，他已經超越了凡人的境界。但是林肯之所以吸引我們，恰恰是由於他非常的人性化，非常有同情心，非常善意地對待大眾。「我真希望林肯現在還活著，他一定會給我們講很多好聽的故事，也會願意跟我們一起玩。」一個九歲的小傢伙認真地說著。

林肯的精神正是我們一些進步的領袖正盡力想要注入到產業中的精神。林肯是民主的象徵。他是位心胸廣闊、寬容的人。他不是個吹毛求疵的人。他知道如何吸引人到他的身邊；如何激發他們的忠誠；如何讓他們熱情地追隨他。雖然

受到別人的嫉妒和猜疑，他自己卻將所有這些嫉妒、誹謗、中傷踩在了腳下。

如今，成功的產業和商業領導人不該是清高的人，不應該給他的員工高高在上的感覺。成功的領袖應該讓他的員工感覺他也是他們中的一員，他會毫不猶豫地和他們融合在一起，他會時刻準備著讓他們了解他，了解他的原則和理想。

施瓦布在很年輕的時候就成為安德魯·卡內基（Andrew Carnegie）的一個主要鋼鐵廠的經理，卡內基對他唯一的建議就是「查理，當你走進工廠時，你將看到許多你肯定從未看到的東西。」

林肯也是這樣的人。他看見了很多以前不曾看見的事情，聽到了很多以前不曾聽到的事情。

在現代大規模產業中，人的問題已經成為最重要的問題之一。企業變得如此之大，勞動團隊也不斷壯大，以至於必須要用大量的時間思考該如何創造和保持員工的忠誠精神、合作精神和大家庭精神。年輕一輩的總裁們已經意識到，如果不能創造並保持這種精神，企業將無法成功地運作。

凡是能夠在龐大的勞動大軍中激起他們熱情的領導人，就能夠獲得高額薪資和分紅。

通常這是對引導者的要求。

現在是對領導者的要求。

　　普通人接受亞伯拉罕·林肯，是因為他們認為他跟他們是一類人：一個平凡、簡單、熱心、善良的人；一個喜歡孩子、喜歡開玩笑、總是樂於助人、為別人的成功喝彩的人。

　　林肯這類人正是現代工業和商業急需的人。

輕易得到的東西也會毫不吝惜地扔掉。

保持冷靜能幫你走出困境。

不幸福的人就不能算是成功的人。

不斷進步；不然就退休。

最大的性格瑕疵就是自負。

若想脫離困境就不要在困境面前逃跑。

學學喬治‧F‧貝克的樣子

「讓人感到好奇的是，雖然喬治‧F‧貝克本人總是躲避大眾的目光，但他卻積極支持他所在的公司和企業走到大眾面前。」這位資深銀行家的朋友如此評論他。「他在思想上非常進步，甚至比那些年齡還不及他一半的總裁們還要進步。他在如何將員工吸引到他身邊的問題上很有一套。在這方面，他絕對趕得上這個時代。雖然他已經快九十歲了，他看上去一點也沒有退步；他總是向前看，我知道他曾像其他年輕的總裁一樣熱衷於做一些大計畫，儘管他根本等不到這些計畫完成的那天。」

在企業宣傳和企業與員工關係這樣的事務上，現如今很多老闆和總裁還是應該學學喬治‧F‧貝克的樣子。

> 感到洩氣、沮喪？想想吧，以色列的子民們在荒野中流浪了四十年才得以回歸故土。

這些任務需要商界拿破崙來完成

在美國，從來沒有哪個時期像現在這樣條件成熟，只等待商界拿破崙的出現，現在的條件可以任由二十幾個拿破崙施展拳腳。

鐵路拿破崙可以完成比格林和希爾加在一起還多的工作。如果有誰想為此目標而奮鬥，他將得到美國政府的批准，美國政府更以 1920 年的交通法案加強對其的支持，他將超越任何一個曾在美國或其他地方做此嘗試的人。

一個甚至更大、更重要的任務等待著農業拿破崙的到來。毫無疑問，農業在這個遼闊大陸上成為巨型產業的日子就要到來。想想一位「福特農夫」會怎麼做！他會圈地並耕耘，不是成百上千畝，而是成萬畝、百萬畝。

他可能會在每個州設立總部，然後在適當的城市設立分部；他很可能自己製造農業機械和設備；他可能會給世界一半的人提供馬匹；他養殖的母牛可能生產出比現在最好的牛還要多的牛奶和奶油；他可能會飼養出擁有破紀錄體重的豬，還會養出既能產出最多羊毛、又有最肥羊肉的羊；他可能會用貨船來出口乳酪。如果他從事棉花種植業，他可能是

第一個攻克棉子象鼻蟲[027]的人，然後將注意力轉向如何提高棉纖維的長度和品質。

他將自由地使用水力、電力能源就像工廠使用水力、電力一樣。在某些季節，他可能會在玻璃棚下種植水果；他可能會用電力給禽舍設置照明裝置並在寒冷的天氣裡用電力供暖。

石油產業急需拿破崙式人物，他會將現存的各式各樣的企業訓練成步調一致的大產業，從而抑制由於過度生產而引起的可恥的浪費。他可能透過從最近或最合適的地點進行分銷，從而節省上百萬美元。

煤礦業的拿破崙對這個產業意義多麼重大啊！他會迅速地停止生產過剩的現象，他將會設立儲藏設施，使顧客全年都能購買。這樣礦工們就不會一年只工作 150 多天了，他們可以一年工作 300 天，薪資也比現在的礦工高得多。他能為每一粒煤渣、煤塵都找到有利可圖的用處，也許他會在煤礦出口處建立一個工廠，產出電力，照亮周圍的地區。

現在美國小型汽車生產商的數量已經是正常經濟條件可負荷的 10 倍。汽車業拿破崙將會關閉充斥在每個城市、小鎮和村莊的那些不必要的、花費巨大的代銷處。他會將小型汽

---

[027] 灰褐色、體型小的象鼻蟲，主要以棉花核（未開裂的種子莢）和棉鈴為食。從 1982 年開始，這種棉子象鼻蟲從墨西哥入侵德克薩斯州，給美國的棉花種植區帶來了極大的災害。就是因為棉子象鼻蟲的緣故，南方被迫種植其他作物，以改善當地的生活水準，這也確實發揮了作用。

車的生產商削減到一個合理的數目，從而在生產和行銷上實施大量的節約措施。

電力產業非常幸運地擁有一些具有非凡領導才能的巨頭，像在東部、中西部、南部和遠西地區的一些大人物。但是如果能出現一位拿破崙式的人物，可以將整個北美洲編織成一個超級能源系統。在這個系統下，這個國家的所有潛在水能源都可以實際地利用，並經過分散在各個地區卻又彼此連接的水庫分配到各地。工業、農業、採礦業、交通、所有產業都將受益匪淺，火車用煤的時代將成為過去。

系統化、科學化重新造林的問題會難得倒拿破崙式的人物嗎？

人們常說「時勢造英雄」英雄在哪裡？

你是什麼類型的人

你是個什麼類型的人？是凱理、施瓦布還是福特類型的人？

查理斯‧皮茲對這三個人都很熟悉。他是林克‧貝爾特公司的總裁，曾在戰爭時期參與政府海運方面的管理。就在法官凱理去世前，他曾對這三個人的性格做了十分有趣的分析。

皮茲先生說：「所有成功人士的性格都有相似性，單從外表看他們卻是不同的。法官凱理擁有一個精明的頭腦，智力受過全面培訓，分析推理能力出色，對於生意有著宏觀的視野，還具備大企業應對大眾盡義務的責任感。法官凱理本人比他的公司更引人注目。人們無論什麼時候提到鋼鐵公司，提到的都是法官凱理的公司。事實上，他就是所有鋼鐵公司的代表。

「幾年前我跟他打過一次交道，這次奇怪的交往經驗能夠說明他的性格。很多年前，我們還都非常年輕，不知道如何轉讓財產權，當時我們跟迪林‧哈威斯特公司簽了一份鑄造系統的大合約。我們的設備運行得並不好，但我們卻認為

是運氣不好。在我們還沒來得及修正問題時，麻煩就來了。我們拖欠了款項，因為賒帳問題而被起訴。」

「我們的律師是我們能請得起的最好的律師。那時，法官凱理代表哈威斯特公司出庭。他輕而易舉地就擊敗了我們的律師，我們輸了官司。」

「多年後，在一次晚宴上，我就坐在法官凱理的旁邊，他轉過頭來對我說：『皮茲先生，多年前我曾起訴過你們公司。我想我那時犯了錯。你們的想法非常好，你所需要的就是合作。我本應建議我的客戶與你合作而不是與你為敵。』」

「『這是你後來在做生意的過程中得到的經驗，當時你身為律師是不需要給予諸如此類的建議的。』我回答道。」

「『是呀，』他接著說，『人確實是越老越明智。』」

「查爾斯·施瓦布則是相反的類型，幾乎每個人都知道關於他的傳言。」

我們在救急艦隊公司工作時，我和施瓦布在一間飯店裡同住了幾個月。由於同是一個大型企業的商業夥伴，我們交往甚密。他與法官凱理的區別就像一個是白天、一個是黑夜一樣。他是一個活潑、快樂甚至有些情緒化的人。他依賴靈感和直覺來工作。他也犯錯誤，但他十足的精神和足智多謀總能讓他回到正確的軌道。他了解人也了解他們的反應。

「我非常喜歡談我和施瓦布第一次接觸的情形，因為他在那次表現出了他與眾不同的處事方法。那次，運輸管理委員會的主席埃德·赫爾利和救急艦隊公司的總裁意識到我們已經失去了大眾的信心，因為大眾盼望我們交出 6 億噸的船隻，希望我們趕緊建工廠並要求馬上就把船建好。可是計畫好像沒能正常進行。」

「我們跟施瓦布開了一天的會。我們告訴他我們想要的東西，但是他很猶豫，說他必須要先想想。之後他回紐約停留了幾天。他回來後，就來到我的辦公室坐下。」

「『我跟紐約熟悉你的朋友談過了，』他說，『我決定繼續，如果你留下的話。』」

「『施瓦布先生，』我回答說，『我不知道我是否能夠勝任 —— 我已經好久沒有替老闆工作了；我年齡也大了，不知道我們還能不能一起合作。』」

「『見鬼！』他大叫道，『我只是來碰碰運氣。』」

「過了一會我去了他的辦公室。我說：『你今天感覺好嗎？』」

「『現在我又幹了什麼事？』他問道。」

「『我想你跟某某公司簽了一份劣質合約。』」

「『那我們該怎麼辦呢？』他問道。」

「『我已經見過他們了，』我回答道，『他們已經同意更改了。』」

「『好孩子！』就是他的評論。」

「亨利‧福特則是與法官凱理和查爾斯‧施瓦布完全不同的人。他長得很瘦，為人謙遜，乍看之下很普通。他很幽默，在戰爭期間他負責製造驅逐艦。有一次，我和福特先生碰巧都在底特律，我問他有沒有因為福特車的傳言而心煩。」

「『一點都沒有，』福特先生回答道，『這些傳言都是很好的廣告。』」

「接著他告訴我一件發生在他身上的真事。當時他在一輛老款福特車上做 渦輪傳動系統的試驗。測試結束後他就驅車去了 15 ～ 20 英里開外的農村。他經過一輛停在路邊的大車，看到兩個人在修車。他停下來說：『我可以幫忙。』」

「大概 15 分鐘後，他把車修好了，其中一個人從口袋裡掏出 1 美元給他。」

「『謝謝，不用這樣，』亨利抗議道，『我有很多錢。』」

「『你騙人，』這個人說，『有很多錢的人怎麼可能開這種破車！』」

你得到追求的東西了嗎

有一次，我和美國鋼鐵公司首腦人物詹姆斯·A·法雷爾（James Augustine Farrell）在他的辦公室裡談話，他突然提到在一個小冊子裡有一段話想讓我看看。

他拿起這個小冊子，快速地翻頁，卻沒找到這段話。他又仔細地重新翻了一次，還是沒有找到。因為他已經跟我解釋了這段話的大意，我就說不需要再花時間找了。

「就算花上半個小時，我也要找到它。」他堅決地說。他最終找到了這段話。法雷爾拒絕被這樣一個小困難難倒。

很多人破壞了獲得成功的機會都是因為「我找不到」的習慣。這個習慣通常有兩個原因：其一是因為粗心、馬虎的作風；其二是因為這些人缺乏決心和耐心，缺少堅持不懈的精神。

有些企業制度或許規定得有些過火，但沒有制度的企業遲早要垮掉。

> 不要過分強調「尊嚴」。不要矯揉造作，要自然大方、通情達理。

沒有誰是十全十美的

　　我把一塊蒂芙尼腕錶送到蒂芙尼工廠去校準。這塊錶走得太快了。我把錶遞給專家，他問我這個錶快多少，他調了調，幾秒鐘後又把錶還給了我，說道：「如果還不準，就再把它送過來。」

　　「我把它留在這兒，等你把它徹底修好再拿走不行嗎？」我問道。

　　「就算你把它放在這兒 6 個月也沒用。」他回答道。

　　「為什麼？」我問道。

　　「雖然現在我可以把它校準，但不能保證你戴上後還能這樣，它會受到你的動作和其他事情的影響。」

　　我們中的許多人不都像手錶一樣嗎？只不過自己不知道。我們都懂得很好的理論，卻不知何故無法在現實工作中實行此理論。

　　例如，一個總裁能夠草擬出一個完美的企業藍圖，然後疑惑為什麼在實踐時，此藍圖進展得並不順利。銷售經理可以為他的銷售人員設計出一套絕妙的銷售詞，但銷售人員卻發現在實際銷售中，這套銷售詞並不能獲得令人滿意的效果。

　　發明家或工程師製造了一套機械裝置，在實驗室裡運行得很完美，在實際操作時卻突然出現差錯。年輕人以優異的成績從大學畢業進入企業，卻無法適應混亂的工商界。一個總裁甚至一群總裁坐下來草擬了一個預算，根據這個預算，公司能在年末得到很好的利潤；然而，預算結果在年末卻沒實現。

　　如果連蒂芙尼手錶都沒辦法保證每日走時精準，難道我們不該時刻準備好，以對付現實情況下隨時會出現的差錯嗎？總裁們制訂出理論，規劃出一個完美的計畫並沒有什麼錯；但是如果他們期待這個理論和計畫可以在這個不完美的世界裡表現得十分完美，那他們就大錯特錯了。

　　對待自己和別人的工作，我們盡百分之百的力量去做，但不要期待完美。

> 凡是在工作面前退縮的人，在任何事情面前都會退縮。
> 要想坐到更高的職位，先把現在的位置坐好。
> 做事總是慢半拍的人很少是「有希望的人」。

哪個行業都能賺錢

每個新時代、每個時期，都有聚斂財富的新機遇，也會成就一批新的百萬富翁。

在我們這個時代，機遇遠比父母那一輩多得多。而且，在不久的未來，在美國，這樣賺大錢的機會將更多。

當然，自從工業開始大規模地發展，獲得財富不僅是可能的，而且在美國到處都是一夜暴富的機會。工業規模發展得越快、越大，個人獲得財富的機會也就越大。

在范德比爾特（Vanderbilt）和阿斯特（Astor）時代，除了鐵路業、房地產業、銀行業和貿易行業，很難在其他領域獲得財富。

人們曾一度在鐵路業收穫最大的財富，有些人透過投機，並且是可疑的投機手段從中獲得財富，而不是僅僅透過建造和發展鐵路。

一些往日僅能勉強糊口的窮礦工們變得富有，從那以後，金礦業、銀礦業和銅礦業也造出了大量的百萬富翁和千萬富翁。

丹尼爾‧C‧傑克林（Daniel C. Jackling）開闢了一條新

的致富之路，他偶然發現了一套開採猶他州銅礦的辦法。從此以後，他的很多財富都來自於板岩礦。以前沒有人開採它們是因為這種礦石金屬含量過低。

然後塞盧斯·麥考密克（Cyrus McCormick）和他的收割機出現了，塞盧斯也靠收割機積累了大量財富。

再之後，出現了菲爾·阿莫爾和古斯塔夫斯·斯威夫特（Gustavus Swift）和他們所帶來的新興的食品包裝工業。這行業給一些人帶來了創造財富的手段。

馬歇爾·菲爾德（Marshall Field）、A·T·斯圖爾特（A. T. Stewart）、沃納梅克（Wanamaker）和其他一些人開始了大規模的商品銷售活動，從此很多商人躋身百萬富翁之列。

當賓夕凡尼亞州的一些油田開採之際，吸引了大量的冒險家。約翰·D·洛克菲勒早早就先到那裡經營，沒有幾個產業能像石油業那樣創造出這麼多千萬富翁。

卡內基崛起於鋼鐵業起步的時代，當然這一基礎產業也使許多人躋身千萬富翁之列。正如卡森的著作——《鋼鐵傳奇》的副標題所寫的那樣：一千個百萬富翁的故事。

與鋼鐵業密不可分的煤炭業，也創造出了幾個像弗里克（Frick）那樣的千萬富翁。

聯合企業，尤其是在紐約和芝加哥這樣的大城市，為許多商人和政客們創造了一個有利可圖的行業。

菸草產業擴張到了十分龐大的規模，該行業也造出了很多有錢人。

木材產業也是這樣。

化學產業也是這樣。

棉花和羊毛業也製造出很多百萬富翁。

工程業也是一樣。

近年來，我們看到從事電燈和電力行業的領袖們開始建立大型企業並聚集了大量財富。無疑，我們將看到更多電力行業百萬富翁的崛起。

再想想那個現代發明 —— 小型汽車，所造就的有錢人群。毋庸置疑地說，在最近 20 年間，這個行業將許多窮人轉變成了有錢人。現在的中年人曾生活在被阿拉丁神燈點亮了的時代。

還有那個更現代的人類奇蹟 —— 電影的產生。想想這個行業帶來了多少的機會和財富。

連鎖店也是 1920、30 年代的產物。看看有多少人因為經營這些連鎖店而變得富有。

正如我們所知，現在的郵購行業還很年輕。當我們想到郵購行業的時候，我們也只能想到一兩家大型的郵購企業。但事實是，許多企業正是從郵購業起家，逐漸將生意擴展到其他行業，進而獲得巨額財富的。

近 20 年來，新的化學加工方式也創造出了很多財富，這個行業也是剛剛開始崛起。

憑著他的安全刮鬍刀，吉列（Gillette）採到了新的金礦。

很難想像早餐食品也會成為相對較新的產業。然而事實確實如此。我們這些成年人在童年的時候從沒聽說過「吐司」，也沒見過麥片和葡萄堅果，而現在各類早餐食品就多達 57 種。

世紀之初，人們還不了解剛剛出現的留聲機。但經過 20 年，留聲機和音樂一道創造了大量的財富。

現在，也許沒有一個產業能比得上電冰箱產業的發展速度，而且它還有繼續發展的空間。

再來說說無線電，它也為我們提供了獲得財富和名望的舞臺。

如果現在就預測說飛機製造業很快就會創造出許多百萬富翁，算不算是言之過早呢？

我們身邊一直都有很多的發明家，但除了愛迪生，沒有幾個發明家以其財富而聞名。然而，這一具有無限潛力的行業無疑將在未來產生出比過去多得多的百萬富翁，如今，大規模生產就是一切行業的定律。

可以說，我們現在還沒有將農業產業化。但是這個行業

的發展前景就是，農業界將慢慢地出現和其他產業一樣的傑出的大富豪。

　　在這個發展迅猛的時代，我們以為非法賣酒是唯一通往暴富的途徑，但事實是，在我們這一代，有比以往任何時期都多的致富途徑。而且明天會有更多的機會，只要你能知道如何找到它們並且成功地利用它們。

有一則一語雙關的房地產廣告：「如果你想要對自己生活的地方感到滿意，就自己動手蓋房子。」

光有願望，卻不努力為之奮鬥，就像是一臺沒有推進器的輪船。

要為人類的幸福而奮鬥，而不要只是在銀行裡堆積財富。

如果你總是覺得累，那就離退休不遠了。

把事情做完、做成，而不要推到別人身上。

市場永遠存在

按老方法做的事情，其結果很容易猜得到，根本不用費力，這也是它為什麼平淡無奇的原因。有多少企業，多年來一直在一個固定社區裡賣產品，他們把這裡的顧客當成是最終的銷售目標，因為他們已經與這些顧客們建立了愉快的並可以從中獲得利潤的良好關係。

在紐約就曾經有這樣一家公司，但現在這家公司在這方面已經改進不少，這都得益於一個年輕人的無畏和努力。

這個公司的辦公室裡有個富有野心的年輕人。他一週只賺 40 美金，他很想成為銷售人員，賺到更多的錢。終於有一天，這家公司主管對他說，他可以出去做銷售：

「我可以預支給你兩個月，每週 40 美元的薪水，並且只要你願意，你可以隨時回到辦公室。正像我跟你說過的那樣，我們的銷售工作都是由那些長期跟顧客打交道的人來做的，而且我們已經反覆調查了整個市場，幾乎沒有多的市場可以挖掘了。這是我們已有的客戶名單，你不能再去爭取名單上的任何一個客戶了。我祝你好運，喬，但你一定要清楚，形勢對你並不有利。」

喬拿了兩個樣品就出去了。頭幾週，事情看起來沒有任何希望。他的手磨出了水泡、結了老繭。但訂單也隨之而來，在兩個月快結束的時候，他賺的錢已經超過了他的預支款項。六個月的時候，喬的名字已經列在了都市銷售人員排名之首。

他是如何做到的？透過堅持不懈的努力工作做到的，透過他的手、他的腿、他的頭腦，以及拒絕相信世上有做不成的事情這一謬論做到的。現在每個公司都想要更多的「喬」，當然要看他們能不能找到。

努力讓自己成為不可或缺的人，但不要認為自己是不可或缺的。

如果你要玩遊戲，就要遵守遊戲規則。

走彎路必然最費周折。

健康的身體會幫助你得到財富，但財富經常讓你失去健康。

破產通常是由過時的機器和過時的管理引起的。

為什麼別人總能走在你前頭

有一次，我和鮑比‧瓊斯（Bobby Jones）在亞特蘭大打高爾夫球。在比賽的前三分之一時間裡，我打得不錯，他贏了一洞，我贏了一洞，我們4：4平手。記分卡上的分數似乎顯示出我也是個不錯的高爾夫球玩家，獲勝的機會和鮑比‧瓊斯一樣大。

但是還是發生了必然出現的結果：鮑比‧瓊斯在系列賽中戰勝了我。

為什麼說是「必然的結果」？

因為鮑比‧瓊斯從5歲就開始打高爾夫球，從小就打下了堅實的基礎。他接受過系統化的訓練；認真研究過賽場的每個角落；堅持練習；經常和世界頂尖高手切磋球藝；他二十多年來全身心地投入到高爾夫球運動上。可以說，高爾夫已經成為他生命重要的一部分。

他9歲的時候，就可以與俱樂部裡的成年人對抗；11歲的時候，就成為聯賽選手；還不到15歲，他的高超球技就已經聲名遠播。現在他的紀錄已經超越了任何一位高爾夫球員。

再對比一下我的情況。我在十幾歲的時候開始玩高爾夫球；之後，我就開始為生活奔波奮鬥。許多年來，工作占據了我全部的時間和精力；再之後，我開始在暑假的時候打些高爾夫球；直到幾年前，我才加入了一個高爾夫球俱樂部。

在第四、第五或第六洞的時候我曾幻想過能擊敗鮑比‧瓊斯或與他打個平手嗎？根本沒有。失敗的結果是我早就料到的。

高爾夫球場上的這次經歷讓我想到了人生中更大的賽場。我禁不住想到：很多人總是迷惑為什麼別人總能走到他的前頭，同樣，很多企業總裁也不解，為什麼其他的企業能獲得更大的成功。

還有一些年輕人或新興企業在剛開始時走得非常好，甚至是非常傑出。在很多旁觀者看來，他們的成功機會非常大。但是他們只是走了一段路，然後就失敗了。

但在另外一些情形下，一些年輕人或年輕的企業一開始取得了值得稱讚的成績，他們一路堅持了下去，取得了更大的成績。

到底該怎麼解釋這些現象呢？

有些播種的種子散落在地裡，它們很快地發芽、生長。但它們沒有打下堅實的基礎，沒有堅持不懈的特質，災難就降臨了。

有很多人、很多商業計畫，他們就像我這個級別的高爾夫球玩家一樣。他們沒有打下牢固的基礎，沒有進行充分的準備，也沒有充分地研究和分析，因此失敗是意料之中的事。

還有些企業和個人則是鮑比‧瓊斯那個級別的。仔細研究 100 個美國商界成功人士，你會發現幾乎每個人都是全身心地投入到自己的事業中去的，他們確實為所獲得的成就付出過巨大的心血。

再仔細研究 100 個普通人，你會發現他們沒有像百名成功人士一樣認真計劃、努力工作。

我們再來看看曾獲得短暫成功而後又失敗了的 100 個人，你會發現他們中的大多數人都是沒有適當的閱歷，沒有建立起牢固的基礎，沒有充分了解其行業的各個方面。

所以，我從鮑比‧瓊斯身上學到的並不是關於高爾夫球的一課，而是關於生意的一課。和他打球的這次經歷教會我牢固基礎的重要性，堅持不懈的重要性，還教會我做事情要多用腦而不是用蠻力。

要想做一名高爾夫冠軍，先要讓自己各個方面堅強起來。要想在商界中出類拔萃，同樣需要深思熟慮和堅忍不拔的精神。

「運氣」可能會伴你一時，就像我在比賽一開始的時候，它眷顧著我，但它不能伴你一世。

創造性思維永不過時

我們當中那些在商界工作的人難道不會從林德柏格（Lindbergh）的成就和聲望中找到一些新的啟發嗎？

美國本來就是一個開拓者的國家。開拓者們創建了美國。開拓者們開始了西進運動，他們來到西部，勇敢地面對危險，掃清障礙，延伸了文明的疆域。農業、森林、礦山得以開發；學校和教堂得以建起。之後又來了一批勇敢的冒險家，為了修建鐵路，他們開鑿隧道、在山谷和河流上建橋。

「美國已經過了開拓時代」很多現代人這樣說。

美國並沒有過了開拓時代。

如果這個國家不再有開拓精神，這個國家就要滅亡了。開拓精神依然對社會發展至關重要。只不過是現代的開拓精神與以前的形式不同。我們不再需要面對野獸和印地安人。也不再需要征服叢林和森林。修建鐵路也不再充滿危險，建鐵路不再需要人力，而是由機器完成。

但是我們國家的繁榮富強依然仰仗於開拓精神。

想想汽車製造業的先鋒們為我們國家的進步、效率和富足做出了怎樣的貢獻。他們的勞動為美國數以百萬計的家庭

提供了生計，也為美國聚斂了來自於世界各地的財富。

　　想想石油和礦業的先鋒們，他們發掘了潛藏的資源，供人類使用。他們為美國帶來的財富和福利多得難以計算。

　　電力領域的先鋒們將美國那些逆來順受的、奴隸似的工人們解放出來，讓他們能夠利用電力創造出真正的奇蹟。這些先鋒們也許直接或間接地為我們家裡、礦井和工廠帶來了人造太陽；為我們帶來了音樂和電波；為我們家裡帶來了上百個敏捷的幫手；帶來了我們父輩不曾聽說過的快捷和舒適的交通。這些先鋒使我們坐在家裡就可以與幾乎任何一個人、甚至是遠隔大洋的人交流。他們為我們帶來了先進機器，使跨大西洋的空中旅行變成可能，還有其他數以千計的，難以一一細數的奢侈、舒適、便利的必需品。

　　除了這些先鋒，還有誰能讓我們享受到電影帶來的娛樂和教育？也正是這些先鋒們，使我們國家憑藉著打字機、機械計算器、照相機、機器製造出的鞋、衣服和其他生活必需品征服了世界。這也使我們國家更加繁榮，也提高了數以百萬計國人的生活水準。

　　在其他領域的美國先鋒們曾成功地克服了熱帶地區的鼠疫，克服了曾有致命風險的各種疾病，也使巴拿馬運河的修建變成可能。

　　不，開拓精神並沒有隨著上個世代的消逝而消失。這個

國家、這個世界跟從前一樣急需開拓者。直到太平盛世到來之前，我們永遠需要開拓者。

　　人類是多麼願意為那些新興領域的先鋒者們鼓掌歡呼呀，這從人們給予那些美國年輕人的熱情喝彩中就得以驗證了，這些勇敢、謙遜的年輕人建立了第一個跨區域的聯盟，使美洲大陸和歐洲大陸能夠連接起來。

　　我們現在還是需要開拓者來為我們的下一代創造出一個更好的世界。

> 致老闆：每個人都有值得學習的地方。
>
> 總是消磨時間的人，其實是磨滅了自己的個性和幸福。
>
> 實現的前提是協調能力和全力以赴。

大眾是蠢材嗎

當我對一位終生浸染在華爾街氛圍中的銀行家提到公共意見的重要性時，他對我說：「大眾對錢和銀行業一無所知，他們也沒有能力學會、了解，永遠學不會這些知識，對他們解釋任何這方面的事情都是徒勞的。」

我冒昧地回了他一句：「如果我對美國大眾的評價跟你的一樣低，那麼我將對這個國家的未來感到非常擔心。」

如今，太多身居要職的銀行家和金融家都沒有意識到金融業需要的不僅僅是殘酷的高效率。如果一位傑出的金融家或大型工業企業的總裁不能贏得大眾的信心、尊重和好感，那麼他就不能算是百分之百地成功。叱吒風雲的金融家或企業總裁最寶貴的、必不可少的職責之一就是要盡最大、最虔誠的努力去帶領大眾並避免引起大眾的敵意。畢竟，就算是再有權有勢的銀行家和企業領袖，比起全體大眾的力量，也只是一桶水中的一滴水。

最後，如果真像這位銀行家所說，大眾完全沒有能力理解任何關於金錢和銀行業的事情，那麼是誰選出的國會議員？又是誰讓國會議員們制定銀行業和其他商業活動應該遵

循的法規？大眾才是我們每個人的老師。

　　那些身居金融界高位的領導人，很少有人懂得要從大眾那裡接受教育，要去贏得普通大眾的好感。

　　很明顯，走在華爾街路上的人比走在鄉村小路上的人更需要教育。

> 如果你懶散、拖延，就不能取得好成績。
>
> 想要建一座摩天大樓，先要打下堅實的地基。
>
> 堅毅的人很少感到沮喪。
>
> 循規蹈矩會讓商人進退兩難。

當工業「沙皇」成為時尚

　　為什麼一個接一個的美國企業或集團會選出一個所謂的「沙皇」？下面就是威爾‧海斯、賈奇‧蘭迪斯列出的一些任命。紐約及其周邊地區獨立的石油和汽油集團指定的是本傑明‧C‧賈維茨；家禽產業指定的是郝沃德‧C‧富比士；國家女裝批發協會指定的是琳賽‧羅傑斯教授；美國教授協會指定的是「大比爾」威廉姆‧H‧愛德沃斯；國家樂團指揮協會指定的是朱利安‧T‧埃伯利斯。

　　在一個時代或更久以前我們有另一種類型的「沙皇」──法官凱理經常被形容成鋼鐵產業不可挑戰的君主；威廉姆‧M‧伍德是毛紡織產業的獨裁者；約翰‧D‧洛克菲勒被形容為石油國王；詹姆斯‧B‧杜克（James Duke）統治菸草產業；H‧O‧哈夫邁耶（H. O. Havemeyer）利用可疑的手段使自己成為蔗糖產業的至尊；E‧H‧格林和詹姆斯‧J‧希爾（James J. Hill）統治著鐵路業。

　　新「沙皇」是由產業同行推選到這個至尊的位置上的。而舊「沙皇」就像古代的騎士，一路拚殺到權力和財富的巔峰。

這種現象說明美國商人已經失去了管理好自己企業的能力了嗎？是否意味著如果沒有獨裁者的監督，他們就無法行動了嗎？

還是這是所謂新的合作精神的自然產物？

這預示著好的發展還是壞的發展？這會帶動大眾的信心，建立起大眾的好感嗎？

取消產業內的競爭不會有導致權力濫用的危險嗎？不會造成對大眾的不利情況嗎？

有件事是確定無疑的，那就是大眾將漸漸地以批判的態度看待美國商業的這一新現象。

每個人都必須具備兩樣東西：要想成功，就要有常識；要想幸福，就要有幽默感。

計劃你的工作；按計畫工作。

正視自己的過錯，忽視別人的過錯。

總是動怒的人遲早會被解雇。

商人會促使官僚組織的產生嗎

商人會促使美國在華盛頓建立起官僚組織嗎？

這個危險已經迫近。我們可以避免這個危險嗎？我們能避免這個危險嗎？

威廉姆·J·多諾萬──負責信託訴訟的首席檢察官的助手，及時地發出了上述警告。他強調說現在各個公司既有公共利益的合併，也有非公共利益上的合併，還有根除有害競爭的合併和企圖破壞有益競爭的合併。

反對合併的呼聲曾經來自於自由競爭者。在將來，這種反對聲浪將更有可能來自於消費者。在幾個重要產業部門，合併正向集中化控制方向發展。這一趨勢在鋼鐵業、電力業、石油行業、烘焙業、銀行業、機車製造業、商品推銷業、鐵路業、包裝業、巨型企業的理財業、混凝土行業、無煙煤業、黃銅業、衣領生產業甚至釘子製造業尤為突出。

金融家和商業領袖們不要錯誤地認為自己已經免除了政府對其管理權的要求，這種要求只是處於休眠狀態而已。要想充分保持市場經濟活躍，必須保持市場的自由競爭，遏制壟斷。

幾年來，商界一直有相對的自主權。大眾一邊在等待，一邊在觀察。他們會漸漸明白，商界是到底明智地使用自主權還是濫用了自主權。

美國商業現在決定到底該不該在美國華盛頓建立一個龐大的官僚組織還不算晚。但是如果不謹慎，終有一天美國商業會發現再想這麼做已經太遲了。

你會發揮自己的作用，推動官僚組織的建立嗎？

人體小小的器官——舌頭，卻能成就或毀掉一個人的事業。

成功只會帶來更多的責任。

沒有效果的批評只是對被批評者的羞辱。

「不可能」這個詞在美國不存在，記得這點。

眼睛盯著巔峰，但同時要選好路。

激勵自己，領導別人。

企業家要具備公共倫理

「在我從商的這 45 年間，商業道德標準發生了巨大的改變。」一位商人評論道。他出身貧寒，但他自學成材、白手起家終於實現了自己的抱負。現在他已經成為百萬富翁，深受社會各界人士的尊重和愛戴。他現在正享受著幾星期的休假，正如他所說的那樣，「天主教認為休息、冥思一段時間是非常明智的。」我鼓勵他繼續說下去。

「現在的商業道德標準和前一代的道德標準已經是大相徑庭了，」他繼續說道：「那時，狡詐的手段被認為是行得通的；那時候的商人或有錢人從未想過幫助別的企業度過難關或造福大眾。每個人、每個企業只想爭第一。鐵路業、信託公司、燃料公司從未想過下放權力，而是都想獲得特權。」

「我們那時跟你現在有時聽到或報紙上看到的內容不同。比起現在，我們那時很少考慮到員工的福利，付他們的薪資很少，也不給他們調漲薪水。」

「我現在和許多企業有連繫 —— 金融業的、公用事業的、保險業的、工業的、房地產和交通的，各式各樣的公

司。我可以公正地說，每一家公司都是誠信經營，沒有一家企業企圖透過欺騙的手段營利。」

「現在的商務邏輯是，完全公平地對待每個股票持有者，哪怕是最小的股東；顧客每花一塊錢就要給他價值一塊錢的商品或服務；要認真看待公共利益，要最大化地考慮員工的利益。」

「我所看到最讓人滿意的改變就是工人得到了更好的待遇。現在企業不再是付工人最少的薪資，要求他們做最多的工作。在所有我認識的公司裡，工人們都有很高的薪資。其中很多企業做得更好，他們盡力讓員工成為股東。我不相信其他類型的利潤分享，因為當利潤降低時，工人們會抱怨。最好的辦法就是鼓勵每個員工成為股東。給他們盡可能長的時間去付清他們的股份，對於他們未付清的錢，收取較低的利息。」

「再想想現在許多大企業為他們的員工所設的福利：為他們投保或設立退休金計畫、健康保險、帶薪假期、教育或培訓課程、耶誕節問候，更不用說對員工買房所提供的幫助和鼓勵了。」

「隨著時間的流逝，政客們要想企圖利用大眾的敵意來傷害正直的企業，那將會變得越來越難。」

「還有一個轉變。看看現在有多少有權有勢的企業家展

現出了公共倫理和慷慨。在許多城市裡，許多頂尖的商人心甘情願地把時間奉獻給社會福利和公共建設。同樣，他們也願意慷慨解囊贊助有價值的事業。現在，美國的有錢人是歷史上最慷慨大方的人。」

「一想到我們要留給孩子們的這個商界要比我們剛接手的那個時候好多了，我就感到十分的欣慰。」

非常鼓舞人心的一段話，而且說的大致都是事實，不是嗎？

> 只有努力工作才能換來舒適的生活。
> 要把工作放在心裡，而不是常掛在嘴邊。

勇於走自己的路

成功人士和他者的一個區別通常是：成功人士有勇氣，不成功的人沒有勇氣。

對個人或企業的考驗，並不是在事情進行得很順利的時候，而是當暴風雨來襲的時候。

查爾斯·M·施瓦布把伯利恆鋼鐵公司從一個沒落的小公司發展成現在這樣大的規模 [028]，就是因為他不允許讓當時全國範圍內的經濟蕭條打斷他的擴張計畫。他發現比起繁榮時期，在經濟蕭條的時候他能獲得更合適的勞動力和更低廉的原物料。

美國電話電報公司在暫時的蕭條期從不退縮，而是依然穩步向前發展。他們擲巨資發展企業，為將來的前進和擴張做準備。

約翰·D·洛克菲勒曾對我吐露他之所以會成功，完全得益於他對未來石油產業的信心，儘管有些時候其他人對石油並不看好。

安德魯·卡內基也是做了同樣的事；在早期，鋼鐵產業

[028] 伯利恆鋼鐵公司如今在鋼鐵行業中排名第二

十分動盪的時期，一個接著一個的合作者失去了信心，心甘情願地把他們的股份都轉給了這位勇敢的蘇格蘭人。

亨利·C·弗里克在 1873 年經濟大蕭條期間以極便宜的價格購買了焦炭的所有權，從而為其巨額財富打下了基礎。幾年之內，當時只花了他幾千美金買的東西給他帶了每年百萬美金的個人收入。

在股票市場遭遇風暴的時期，我訪問了華爾街上的銀行家、金融家和產業巨頭。這些人在做些什麼？在瘋狂的拋售股票嗎？

不是，他們在大量地購買股票。

希歐多爾·N·韋爾曾經說過：「處理麻煩最好的方法就是面對它。」

一位作家曾表達過這樣一個我們也許從未考慮過的事實，他說：「我們應該向保險公司學習。他們購買人們的風險。可保險公司的保險賠償金根本比不上人們為躲避風險繳納的保險費。看看勞埃德保險社，它已經像直布羅陀海峽一樣屹立 239 年了。它透過承擔風險賺錢。透過承擔風險，它每年賺 1.5 億美金。勞埃德共有 1,000 個子公司。他們知道在商場上沒有什麼比承擔別人的風險更安全的生意了。他們知道人們 95% 的恐懼都是杞人憂天。」

一句有名的華爾街格言是：「大多數人都是錯誤的。」

這句話的另一個版本是，「賣出的最佳時間就是在每個人都想買的時候，買入的最佳時間就是每個人都想賣出的時候。」

哪些美國人是最成功的？

那些勇於走自己的路的人。

福特有個新想法。洛克菲勒和卡內基也有同樣的想法，那就是大規模生產。柯達傳奇人物喬治·伊士曼開闢了一條新路。看看伍爾沃斯（Woolworth）憑藉其獨創的小小雜貨店變得多麼富有。還有些勇敢的人早早開始了連鎖店的經營模式，從而獲得了巨大的財富。詹姆斯·J希爾和艾德沃德·H·格林都是非常大膽的人。我認識一個人，他放棄了年薪75萬美金的工作，自己從商；從那以後他每年賺的要比75萬美金多得多。

這裡蘊含的道理就是：如果你想要成功，光想是沒有用的，還需要其他的特質，其中勇氣是必不可少的。膽小和無能，膽小和平庸，總是成對出現。

> 再美好的靈感也需要付諸實踐。
>
> 最糟糕的事情：勿忙下結論。

管理篇

全世界都在反抗權威

　　人們開始憎恨權威者了嗎？

　　員工們開始憎恨老闆了嗎？

　　民主發展歷程的前進方向劍指廢除上層階級嗎？

　　未來的產業將會透過與勞動階級商榷、合作而不是對他們發號司令的方式來運作嗎？

　　早在世界大戰之前，就相繼有皇室統治者下臺：在東方，古老的中國廢黜了清朝，建立了一個共和國；在歐洲，國王們被廢除；在新大陸，墨西哥人起義反抗迪亞斯（Díaz）的苛刻統治；古巴則早就掙脫了西班牙的束縛[029]。

　　在世界大戰的巨變中，君主一個接一個地垮臺：俄國沙皇丟掉了王冠和性命。德國皇帝逃離了他的王位和祖國；哈布斯堡王朝也被顛覆；保加利亞、蒙特內哥羅和其他南歐國家廢黜了皇室；葡萄牙放逐了他們的統治者；土耳其的「哈里發」在逃亡中尋找安居地。不久前一份報紙的頭條報導了「第十位被放逐的國王」。

---

[029]　從1869年起，古巴就開始了艱苦卓絕的爭取獨立的戰爭，但一直到1959年古巴人民才在卡斯楚的領導下，取得了民族獨立。

　　還不只這些，說英語的國家也正經歷著相似的運動。大英帝國統治下的領土也是一樣。

　　在英國，工人們史無前例地維護自己的利益，而且工黨所組建的政府曾短暫當政，這在英國歷史上還是第一次。紐西蘭和澳大利亞也紛紛效仿他們的母國。印度提出了空前的要求，要組建自治政府，而且在擺脫英國政府控制的過程中取得了重大的進步。

　　埃及也反抗英國統治，現在正享有著空前的政治自由。

　　英國的殖民地對他們的祖國採用了一種新的態度。他們的地位得到了提高，不再受制於唐寧街（英國政府）。他們維護了自己的自由。他們要求並最終被授予了任命自己的特命全權大使的權利。現在加拿大的大使就住在華盛頓。

　　在美國國內的政治又發生了什麼變化呢？

　　從前兩個主要政黨輪流執政的情況削弱了。總統發出命令，也不再確信一定會被自己黨派的領導人和成員全盤接受。

　　黨派領袖的權力凌駕於其追隨者的現象，不能說完全消失但至少有所削弱。傳統的黨派決裂並形成跨黨派集團正是這種新情勢的最好說明。

　　現在菲律賓的國內局勢動盪，正是順應了這種時勢。

　　簡而言之，上述的事件體現了政治和社會運行的趨勢。

但是，這種趨勢還有另一面。

從某些方面來看，這種趨勢是自相矛盾、不合適宜的。

這種傾向，有人願意稱它為趨勢，會導致獨裁制度。這很可能只是暫時的。

俄國廢除並刺殺了沙皇[030]，並推舉列寧（Lenin）、托洛斯基（Trotsky）和其繼任者上臺，這些人是極權獨裁者，比以前的沙皇還要隨意、無情地使用監獄和行刑隊。[031]

在義大利，國家由原來的親社會主義、共產主義轉變成了墨索里尼（Mussolini）的獨裁統治，他用鐵腕政治管理著國家，甚至對國王發號施令。

在土耳其，科邁爾‧帕莎當權，在議會上他充當的是克倫威爾（Cromwell）[032] 的角色。

西班牙國王現在只是獨裁者普里莫‧德里維拉（Primo

---

[030]　俄帝國的末代沙皇。1918 年 7 月 17 日，沙皇尼古拉斯二世及其家人在葉卡捷琳堡的一間囚室內被俄國肅反人員處決。

[031]　貝尼托‧墨索里尼，義大利法西斯黨魁、獨裁者。1922 ～ 1943 年任義大利王國首相。墨索里尼在 1925 年 1 月宣布國家法西斯黨為義大利唯一合法政黨，從而建立了義大利法西斯主義獨裁的統治。墨索里尼與德國總理希特勒於 1939 年 5 月 22 日簽訂《德義鋼鐵條約》。1940 年 6 月 10 日義大利正式加入軸心國進入第二次世界大戰。隨後墨索里尼在義大利北部建立義大利社會共和國。1945 年 4 月 27 日，墨索里尼在逃亡途中被游擊隊發現並俘虜。翌日，墨索里尼和他的情人克拉拉‧貝塔西（Clara Petacci）在科莫省梅澤格拉被槍決。後被憤怒的群眾虐屍。

[032]　奧立佛‧克倫威爾（西元 1599 至 1658 年），英國軍人、政治家和宗教領袖，他在英國內戰時（西元 1642 ～ 1649 年）率領國會軍隊取得了勝利並要求處死查理一世。擔任英格蘭的護國公期間（1653 ～ 1658 年），他實際上實行獨裁統治。他的兒子理查（1626 ～ 1712 年）在他之後繼任護國公（1658 ～ 1659 年），但不久以後就因查理二世的王政復辟而下臺。

de Rivera）手下的一個棋子，普里莫‧德里維拉是在這個國家軍事叛亂時的軍隊領袖。

德國也曾尋找一個獨裁者，當時要是有拿破崙或克倫威爾式的人物出現，德國無疑會很樂意地任由他建立一個獨裁統治。

匈牙利也找到了一位獨裁者，在東歐國家中，獨裁者或半獨裁者統治已經蔚然成風。

在國內，人們反對指派政府官員，國內暴動叢生，人心不穩。對禁酒令的反抗更是每日大眾注意的焦點。

這一切都意味著什麼？有什麼樣的重大意義？是否有什麼邏輯、基本原理或動機貫穿其中而又能解釋這一切呢？

現在人們憎恨特權階級、憎恨權力、討厭命令和受人指使，這一現象是與這一理論相悖還是與之一致呢？

是不是這樣的解釋就更合理呢？王室統治者之所以被廢黜是因為他們不是由公民自己選出的，而那些新的獨裁者至少理論上講，都是由公民們自己選出並推舉為統治者的。

這一理論是否也是本國政治、社會、工業發展的關鍵原因之所在呢？

如果我們同意這個理論是正確的，那就是說所有這些發展和趨勢都表明人民即所謂的平民、普通工人、群眾正維護他們自己的權力，維護他們的自由和民主。那麼這一理論不

正好傳達了一個教訓、一個警告、一個啟迪和一個建議？這一理論適用於所有美國工業和金融巨頭們、所有企業主管們、所有那些有權力管理人員和資金的人們。人們抗議美國最高法院的決定受制於國會，抗議「立法提案權、公民複決權和罷免權」因為國會反對而廢除。因為不斷地修改憲法引起人們一次次地抗議。這一切都顯示了人民追求自由民主的決心。在工業發展過程中，人民也提出了同樣的要求，那就是：要求更大範圍的民主自治、更大的自主權和自決權，在更大範圍內享有民主，堅持機會表達自我，反抗有力人士的壓迫，急迫地向更多平等摸索、前進。蘇格蘭農民詩人預見了這一天的到來，傳唱著這樣的歌謠：

　　無論何時都要保持尊嚴

　　勞勃‧伯恩斯 [033]

　　有沒有人，為了正大光明的貧窮

　　而垂頭喪氣，挺不起腰 ——

　　這種怯懦的奴才，我們不齒他！

　　我們敢於貧窮，不管他們那一套，

---

[033]　Robert Burns（西元 1759 至 1796 年），蘇格蘭民族詩人，在英國文學史上占有重要的特殊地位。他復活並豐富了蘇格蘭民歌；他的詩歌富有音樂性，可以歌唱。伯恩斯生於蘇格蘭民族面臨被異族征服的時代，因此，他的詩歌充滿了激進的民主、自由的思想。詩人生活在破產的農村，和貧苦的農民血肉相連。他的詩歌歌頌了故國家鄉的秀美，書寫了勞動者淳樸的友誼和愛情。

管他們這一套、那一套，
什麼低賤的勞動那一套，
官銜只是金幣上的花紋，
人才是真金，不管他們那一套！
我們吃粗糧，穿破衣，
但那又有什麼不好？
讓蠢蛋穿綾羅綢緞、壞蛋飲酒作樂，
大丈夫是大丈夫，不管他們那一套！
管他們這一套、那一套，
他們是繡花枕頭，正大光明的人，儘管窮得要死，
才是人中之王，不管他們那一套！
你瞧那個叫做老爺的傢伙，
裝模作樣、大擺大搖，
儘管他一呼百諾，
儘管他有勳章綬帶一大套，
一個有獨立人格的人，
看了只會哈哈大笑！
國王可以封官：
公侯伯子男一大套。
光明正大的人不受他管 ——
他也別夢想設下圈套！

管他們這一套、那一套，

什麼貴人的威儀那一套，

實實在在的真理，頂天立地的品格，

才比什麼爵位都高！

好吧，讓我們來為明天祈禱，

不管怎麼變化，明天一定會來到，

那時候真理和品格

將成為整個地球的榮耀！

管他們這一套那一套，

總有一天會來到：

那時候全世界所有的人

都成了兄弟，管他們那一套！

（王佐良譯）

　　有遠見的主管和老闆們不會忽視這一普遍趨勢；他們不會忽視任何一個能使他的企業順應人類發展歷程的提議或計畫；他們不會嘲笑分享利潤的計畫；他們不會蔑視「勞資會議」的方案；他們不會忽視工人持有公司股份的可能性；他們不會嘲笑那些試圖透過協商和合作而不是發號施令的方式管理企業的主管們；他們不會高高在上企圖像管理愚蠢的牛群那樣去管理他的員工；他們不會試著阻止工業民主的浪

潮;他們不再按過去行得通的老方法行事,而是按照未來必然的趨勢,而且是有利的趨勢行事。

　　過去三十年,機械和大規模生產的發展吸引了人們主要的注意力,在未來三十年,人們的注意力將會放在人的發展上。

> 你要取悅上帝?那就先取悅他的子民,及你身邊的人,特別是那些不幸的人。

給金錢點時間等它上鉤

一位釣魚高手帶我去德拉瓦河釣鱸魚。他警告我不要太心急,當魚碰到魚餌時,「要給它時間咬鉤」。

不一會,我的線就被拉長了。我盡我最大的耐心等了一會,然後就漂亮地拉線。當我收回線,發現魚鉤上只掛著被咬了幾口的鱸魚誘餌。我沒有給鱸魚足夠的時間來吞下整個誘餌和魚鉤。

有條魚上了我朋友的鉤,他毫不費力地將它釣了上來。一小時後,我也釣到了一條魚。

在商場上,我們很多人不也這樣嗎?他們不也急著要賺一大筆錢?我們剛開始推銷,就因為沒有立刻得到訂單而心煩意亂。然而明智的商人,就像明智的釣魚人,給出足夠的時間讓魚上鉤。或者我們會因為沒有快速地得到晉升就失去了耐心,於是失去了熱情或是做出了沒有考慮周全的決定,直到最後也不明白自己為什麼沒有很快地取得成功。

如果成規困擾著你的企業

　　我有個朋友在一家相當大的企業中任副董事長。他經常被人稱為「模範」公民。

　　他每天早晨搭乘同一班列車，提前到達辦公室。每天上午都是同樣的工作程序。每天的同一時刻，他去同一個地方吃午餐。他所吃的食物永遠是那幾樣。他在固定的時間回到辦公桌前，總是比上班時間早些。除非是極個別的情況，否則他每天搭乘同一班列車回家。

　　他不在乎公司的運作，只要不發生地震，他每天都會在同一時間早早上床睡覺。別人的妻子都認為他是一位模範丈夫。為什麼？他從不在晚飯時遲到，從不堅持跟別的男人出去，也不會大驚小怪地問他的妻子這一天做了什麼，只要當他回家時妻子在家就好；他賺得很多，也從不亂花錢。

　　依我來看，這個男人是個失敗的男人而不是成功的。他那種時鐘般的生活方式幾乎把他的妻子逼瘋。他的孩子也認為他是個冷漠的人，他對孩子們的事完全不感興趣。孩子們也不得不跟他一樣每天早早就上床睡覺。他們不允許與父親的想法有一點點不同。其中有個孩子一找到工作就離開了

家，另一個也總是躍躍欲試想要逃開。

在工作上，這個男人已經深深地陷入了一種成規。他的工作變成了純粹的例行公事。他的工作並不比封信封的工作更有創意。

他的公司被其他競爭者趕上並超越，但他最喜歡談論的主題卻是自己公司的保守主義和競爭對手的無情。

事實就是，這個男人已經停止發展，而且也不打算再發展。他已經讓自己深陷在一種成規之中，可以說已經把自己推進了墳墓。

你確定，你沒有在不知不覺中讓自己陷入到一種固定的規矩當中？

如果你的公司沒有如你所願地發展，你確定不是因為這個問題？

現代企業最讓人沮喪的情況之一就是大量的員工陷入一種工作成規中，並安於現狀。

也有很多總裁做著循規蹈矩的工作，不再想提升自己。他們每天做著例行公事的工作，僅此而已。他們並不盼望取得更高的個人工作效率或是將公司更有力地向前推進，而是盼望週六下午的到來。

相對來說，為什麼在美國能夠經年不衰的老企業並不多；為什麼美國企業失敗的例子多如牛毛？

　　原因之一就是，要建立企業並把它發展成具有些許競爭力的企業並不太難，但一旦企業走上正軌，不再需要奮發圖強解決財務困境，就開始頹廢了。老領袖們停滯不前，陷入一成不變的工作中。伊士曼柯達公司就警惕地避免固定的運作模式出現。美國電話公司也是。還有美國鋼鐵公司、伯利恆鋼鐵公司、傑納勒爾電子公司、國家收銀機公司、傑納勒爾汽車公司、威斯汀豪斯、我們頂尖的公共事業公司 —— 傑出的煙草公司、聯合果品公司、杜邦公司、成功的電影公司和無線電公司，它們都成功地避免了固定模式工作的入侵。

　　制式化工作會導致成規。一成不變地工作，如果陷入太深，就會成為墳墓。陷入固定模式的工作非常容易，許多個人和企業都在不知不覺間滑進了這個深淵。

　　檢查、再檢查一下自己，確定是不是已經讓這種危險偷偷爬進了你的腦袋。

問題到底出在哪

當你轉動收音機上的按鈕時，你曾經把自己與一臺收音機進行比較嗎？

你們其實有很多相似之處。

有天晚上，我就從收音機上學到了有用的一課。我當時正在家裡工作，非常想聽一個音樂節目。但是我的努力卻沒有獲得成功。我找到了那個電臺，但是音樂效果非常不好，不是聲音太高，就是太低，我微調時還發出了尖銳的聲音，有些聲音變化讓我感覺這個歌手的嗓子一定是很沙啞的。我最後斷言，這個音樂根本就不像承諾的那麼好，於是我放棄了，感到很失望。

我剛剛開始重新工作，門突然開了，帶來了另一個房間裡收音機放出的音樂聲，那音樂如天籟般清澈而美妙，正是我剛剛斷定不好的歌曲。

我們人類很像收音機。如果我們經常遭遇到不和諧的事；如果我們總是經歷讓人心煩的事；如果事情似乎總是不對勁，做什麼都不成；我們不會認為錯在自己，而是認定自己是對的，做的事情也是正確的，是別人該受到譴責，是別

人做了錯事殃及到我們。

那晚，當我指責歌手和音樂家時，其實事情再清楚不過了，是我的收音機或我調的不好才引出這些問題。

我們很多人、很多企業有時不也是不和諧的嗎？

首先，以個人為例。我們有些人與工作不合拍；有些人與同事不對盤；有些與熟人、朋友不對路；有些與家人不和諧；有些是與我們的顧客或客戶不合拍；有些與所在的社區不和諧等等。

我們知道有很多企業非常地不和諧。例如，直到近些年，有多少企業聯盟與其社區不和？看看標準石油公司這麼多年來是多麼地不和諧。我們的鐵路產業也是如此。煤礦產業似乎永遠是紛爭不斷。

個人和企業的這些不和諧可能由各式各樣的原因引起。要想從收音機那裡聽到最好的聲音效果，你必須給它裝好天線，必須確保電池充足，必須小心謹慎地調好旋鈕，使其對應波長，必須控制好擴音器，使音量既不太大也不太小。

我們有些人的身體狀況不也是失調的嗎？我們之所以身體狀況變得很糟，不是因為我們任由自己的健康惡化嗎？有些人不能取得預想的進步，因為沒有建立好正確的關係網絡；沒有培養出合適的副手；沒有交到真正的朋友。

我們有些人不注意睡眠；有些人不明智地選擇食物，並

吃了太多垃圾食品；有些人沒有充分地讀書學習；有些人沒有努力去培養出好的個性。

　　一些企業想知道為什麼產品這麼好，外界卻沒有反應。其實這些企業沒有拿出足夠的努力或足夠的錢，甚至沒有拿出足夠的真誠去吸引外界的注意力。一些企業的總裁沒有從員工那裡得到最好的業績是因為他們本身的態度並沒有激發員工的忠誠和熱情。

　　把自己或你的企業比做一個收音機。你知道要想讓你的收音機運作正常，就先要調整好收音機的每一個部件，讓收音機的每個零件運作正常。

　　記住這點，如果你的生活或企業受到平衡失調和失意的困擾，那麼就算不是問題的全部，至少也是問題的大部分，都出在你自己的身心狀況上，出在你管理員工、管理資源的方法上。

關注商品銷售的重要性

我總是帶著極大的興趣觀察著國家收銀機公司刺激銷售的方法。

這家公司的管理人員灌輸給銷售團隊的許多想法都非常與眾不同。這些想法表明管理層頭腦活躍。新穎的創意總能源源不斷地從總部傳達到銷售人員身上。

這些想法並不是簡單地列印在一張紙上,然後發給銷售人員的。管理層會調查銷售人員,銷售主管要確保管理層下達的理念被銷售人員真正採納。這些想法總是很新穎。這家公司在好幾年前就意識到了許多別的公司現在才開始發覺到的問題,那就是:關注商品銷售的重要性。

一條發給國家收銀機公司銷售人員的資訊標題是這樣寫的:「這個計畫將幫助每個人創造出最輝煌的一年」在這個標題底下是一些建議,這些建議同樣適用於其他商人:

定期寄出廣告宣傳。

保存通話紀錄。

每天晚上計劃好明天的工作。

每天做一個認真的檢查。

每天設定能展示個人能力的工作任務。

更多地去工作場所進行產品展示。

將建議付諸實踐。

將不足之處列成表單。

善於接受幫助。

將工作空間安排在二層樓以上。

使用與眾不同的推銷詞。

與房地產人士建立聯繫。

在你所負責的區域購買自己或家庭所需的物品。

提高吸引客戶興趣的能力。

不要跟成績比你差的人做比較。

每個週六都工作。

心懷大志。

賭馬就要賭一定會贏的馬。

要想獲得進展，就不要激怒別人。

最好的平衡是生活的平衡。

在成為大人物之前，先做好小人物。

明智地宣傳會提升知名度

一位佛羅里達大型開發企業的總裁感到十分苦惱，因為從華爾街傳來小道消息，說他的項目將會失敗。

「這難道不是一個絕妙的宣傳嗎？」他的行銷人員說。

「你是什麼意思？」這位總裁問他。

「兩年前甚至一年前，華爾街想都不會想到這個話題，但不正是宣傳讓這個事情備受關注嗎？」

有些企業和部門之所以遭受損失是因為他們沒有抓住宣傳所帶來的好處。

以新英格蘭為例，新英格蘭是怎麼吸引來新人口和新產業的？棉花曾經是新英格蘭最重要的產業，但後來漸漸衰敗，為了宣傳自己最重要的產品，為棉花創造出新用法並打開新的銷路，新英格蘭是怎樣做的？新英格蘭的棉花生產商們並沒有在困難面前低頭，他們摒棄從前一般的使用方法，打破了棉花不受市場歡迎的狀況。

新英格蘭的紡織工業並沒有像棉花種植業那樣試著逆流而上，打破萎靡的市場，其財務結果非常可悲。

這些行業非常懶惰，懶得宣傳、懶得打廣告。想想為什麼我們會認為銅是最好的裝飾屋頂的材料？那就是因為紅銅、黃銅研究協會有效地進行了宣傳，在各方面都取得了有利的效果。

沒有比混凝土更普通的材料了，然而波特蘭水泥協會成功地打了一場宣傳戰，它使混凝土的使用範圍更加多樣化，最後水泥行業集體獲得了贏利。

還有南部松柏製造商協會、北部哈特伍德製造商協會和鋪路磚製造商協會也都是透過明智地宣傳，使他們的產品躋身於行業前列。

1909 至 1926 年，鋼板工業將產能提高了 5 倍，但每個獨立製造廠的平均淨收益還不到所投入資金的 5%。

為什麼？因為供大於求。

為什麼？因為鋼板金屬的總裁們幾乎是些「生產第一」的人。他們會提高機器和製造廠的生產能力卻很少想到要增加銷售，增加銷售出路，擴大鋼板的使用途徑。

需求才會激發生產。一場擴大鋼鐵銷售的戰役在 1924 年開始打響，針對顧客的鋼板廣告撲天蓋地襲來，這些廣告告訴顧客們為什麼鋼板材料在很多情況下都是首選。

接著，宣傳品使銷售商和製造商學到如何更有效地銷售鋼板成品。還有些分支機構負責修正建築行業對鋼鐵不公平

的規格要求；負責研究鋼板新的使用途徑；負責讓承包商們的鋼板更廣泛地應用於當地的建築事業；負責幫助市場開發人員打開新的市場；並負責出版商務雙月刊。

因此，「生產第一」的總裁們拓寬了自己的眼界，提高了自己加速贏利的能力。

最終看來，廣告不就是一種教育方式嗎？做廣告的道理和教會別人 ABC 一樣簡單，要想讓別人對你的產品感興趣就要先引起他們的注意力。宣傳是教育現代商業最好的方式。

> 大多數的成功都是透過把普通事情做得特別好而獲得的。
>
> 恰當的批評比不恰當的讚許更能幫助我們進步。

顧客就是金錢

你有沒有曾經想過顧客也是你資金的一部分？

赫伯特‧N‧卡森精練地說：

「有個顧客每年從你那裡購買價值 25 美金的物品，在這 25 美金中，你的淨利是 2.5 美金。這相當於資金的利息，相當於 50 美金的 5％，因此這個顧客就相當於 50 美金的資金。每年花費 250 美金的顧客相當於 500 美金的資金。這是一個事實，不是一個理論。你應該對待顧客像對待資金一樣。當你想到約翰‧史密斯太太，你應該想到她其實是 500 美金的資金。如果你有 1,000 個約翰‧史密斯太太，你就有 50 萬美金的資金，利息是 5％。顧客並不僅僅是買東西的人，他們並不只是進來買東西的旁人；他們比商品重要的多；他們比商店裡的制度和例行公事重要得多；他們就是買賣的生命之源。」

製造商們、商人和其他銷售人員要記得這個真理。顯而易見，每失去一個顧客就相當於燒掉了一大把公司的錢。

和氣生財，笑著賺錢

和氣生財，笑著賺錢。

要好好想想這句話的含義。

微笑吸引人，皺眉趕走人。我們都喜歡笑聲，沒有幾個人是喜歡眼淚的。比起憂鬱我們更喜歡快樂，比起悲觀我們更喜歡樂觀。光明吸引著我們，我們躲避黑暗。

這跟生意有什麼關係嗎？有很大的關係。難道所謂生意不就是為了吸引更多的生意嗎？生意會被有吸引力的人吸引來。因為人們總是被他喜歡的東西所吸引，所以人們喜歡的生意就會是好生意。

因此，真理就蘊藏在這句話中「和氣生財，笑著賺錢」。

幾乎所有我認識的傑出商人都總是看到生活裡好的一面並喜歡微笑和大笑。約翰・D・洛克菲勒充滿了幽默感，他對講故事和聽故事十分著迷。他的兒子曾告訴我，當某些災難或不幸降臨時，他爸爸最常說的一句話就是，「我們看看是否能將這個災難變成機會 —— 一個有建設性、有益的機會」。安德魯・卡內基的微笑是十分有名的。

施瓦布就是公司的活力所在。他散發著快活、智慧、微

笑和好心情。亨利‧福特的許多性格就像是個小學生，他總是樂觀，永遠只看事情好的一面。

已故的 J‧P‧摩根並不是個愛笑的人。但對於美國的未來發展，沒有一個商人比他更樂觀、更有信心。他從不垂頭喪氣，哪怕是經濟恐慌的時候。回想一下他那句著名的格言：「在美國，如果你是悲觀者，你就會破產。」

現如今，什麼人的薪資最高？那些讓我們愉快的人薪資最高。范朋克、哈羅德‧勞埃德（Harold Lloyd）、瑪麗‧畢克馥（Mary Pickford）、查理‧卓別林（Charlie Chaplin）、威爾‧羅傑斯（Will Rogers）、埃迪‧康托爾（Eddie Cantor）和其他一些螢幕上、舞臺上和歌劇中的明星。

我常去一家餐廳吃飯，因為這家餐廳熱情的氛圍與眾不同。我總是去一家理髮店，因為那裡總有人微笑著打招呼。有一次，我去了另一家理髮店，在那裡，人們受到了十分尊敬的對待，卻沒有熱情。

現在主管們開始調升那些能夠激勵他人的員工。他們總是能夠帶動公司其他人的情緒。

「只有掛著微笑的銷售人員才算是全副武裝的銷售人員。」有人曾說過這麼一句話，非常正確的一句話。

生活也是講究投入和產出的，投入多大，產出多大。從這個意義上來看，我們每個人都是銷售人員。

要麼研究，要麼退步

俗話說得好，「知識就是力量。」現代產業和商業則發現知識意味著贏利。

你會發現各行各業的開發部門大量增加。我們正迅速地迎接這樣一個時代，那就是如果任何大型企業忽視了開發與研究，它就將在商業大戰中被擊敗。

你有沒有發現凡是成功的美國企業都是十分注重研發的。

最明顯、突出的一個例外就是美國鋼鐵公司。然而，就在法官凱理去世前，他曾宣布要建立一個與這個世界第一富有的企業相匹配的研究機構。

如果你要問喬治·伊士曼是如何讓伊士曼柯達發展得如此迅猛，他肯定會特別提到研發的重要性。美國電報電信公司的創建者希歐多爾·N·韋爾也是個狂熱的信仰者。正是他對研究與開發的重視，使他的企業成為當今世界最大的企業，他在紐約有接近 4,000 家的實驗室。

將傑納勒爾電子公司發展壯大的 C·A·科芬在很久前就預見了研究的價值，他花了上百萬的資金在實驗、研究上。

115

這個公司能有今天的規模，與他這一舉措有著密不可分的關係。通用汽車公司不僅花了大量的資金在實驗室的研究上，他們還創建了一個獨一無二的「實驗場」，無論什麼類型的車，無論是進口車還是國產車都可以在這個實驗場裡進行最詳盡、最科學的檢驗。福特公司、威斯丁豪斯公司、國家收銀機公司、伯勒斯機械計算器公司還有許多其他成功的企業也都廣泛地利用研究成果並從中獲利。

最近，阿莫爾公司宣布要組建一個新的研究部門，「用以挖掘出與我們企業經營息息相關的重要資料，」正如其董事長 F・埃德森・懷特表達的那樣。

也許你會感到驚訝，在 1927 年美國全國有 143 所大學測試實驗室不僅提供學生從事研究，還致力於工業技術的研究。引用政府所說的話，「許多重要的工業研究難題都是在這些大學實驗室裡解決的」。

以前完美的東西隨著時間的推移也許就不夠好了。福特不就是最終被迫放棄生產曾讓他成為億萬富翁的那款汽車嗎？

企業正面臨這樣兩個選擇：要麼研究，要麼就退步。

如果你沒有時間閱讀商業資訊

有個剛涉入商界不久的年輕人強調說:「我沒有時間閱讀商業相關知識。」他接著說:「我白天總是很忙,回家吃晚飯的時候也很晚,所以晚上的時間總是很少。」

有一次我坐車上班正好坐在他的後面。他大概花了兩分鐘流覽了一下報紙的首頁,剩下的二十多分鐘時間都是在看體育版。他連瞧都沒瞧一下商業和金融新聞。他只在坐火車時讀了些報紙,剩下少量的閱讀時間他都用來看那些最無聊的畫報期刊。

他沒有時間閱讀商業資訊。

不幸的是,有很多人像他一樣。他們只在工作時間工作,而且就算是工作時間,他們也經常心不在焉。正是這些人總是大聲抱怨機會都被大人物們搶走了,總是強調只有有錢人才能賺到錢,說成功要看運氣,還說有錢人根本不給窮人機會,等等這樣的話。

透過觀察美國一些傑出商人的生活習慣,我發現,他們中絕大多數人都有閱讀跟自己行業相關資訊的習慣,並且無論多忙都能持之以恆。

117

　　如果醫生不閱讀，他還能保持行業之首的地位嗎？現代商業已經變得像門科學，而且是門涉及多方面知識的科學，就像內科或外科。

　　進步的商業領袖們意識到，他們無法不讀商業資訊、商務時事、商業新發現、商業發展。

　　一個沒有時間閱讀商業資訊的人也就沒有時間在商業上取得成功，這可以作為一條不可否認的公理。

> 事事親力親為的人已經退出了管理階層，善於規劃的人取代了他們。
>
> 放棄的人只會走下坡路。
>
> 揠苗助長只會適得其反。
>
> 理解，構想，實現。

一張藍紙條＝４萬美金

政府預算部門的長官，在紐約州商會第156次年度晚宴上致辭。他回憶了一些如何根除政府的浪費和愚蠢花銷現象的經歷。他曾注意到郵包上有個藍色紙條，就問這是幹什麼用的？他始終得不到答案，就在郵政部門一級級地向上詢問，直到問到了最高負責人。他最後也還是沒找到確切答案，於是就決定：「那我們就不要用藍色紙條了。」結果郵政部門一年就節約了４萬美金。

你們的企業有類似藍色紙條這樣的浪費現象嗎？查爾斯·M·施瓦布曾經對一名值班士兵產生了興趣。這名士兵在戰爭期間在位於倫敦的戰時辦公室的走廊裡站崗。因為施瓦布實在是想不出這名士兵有什麼用，就向相關部門詢問，繼而引發了一場深入的調查。最後發現原來很多年前曾有一位高貴的女士在經過走廊時衣服上蹭到了未乾的油漆，於是上級立刻命令一名士兵在這裡站崗以防止類似的事件再次發生。牆上的油漆好多年前就乾了，可卻一直派兵站崗。這不能不說是另一種浪費。

你能確定你的企業裡沒有藍色紙條嗎？

這件事，美國的商人已經做過了

不可否認，美國商人和普通人一樣有很多缺點。假如換個角度，先不急著批評他們，試著想想他們所做過的事，讓我們所有人的生活變得更舒適的事情。就不會再對他們吹毛求疵。

如今，在刺激事業發展和根除人類疾病方面，誰做的貢獻最大呢？我們的商人。

誰讓美國進入已開發國家的前列？我們的商人。

誰的貢獻使美國大學和學院在世界上處於無與倫比的地位？我們的商人。

我們從誰的手中得到了建醫院和使醫院得以運作的資金？我們的商人。

誰是我們絕大部分重要教堂的資助人？我們的商人。

誰對國家稅收貢獻最大？我們的商人。

我們眾多的農民能夠收穫作物，能夠擁有使耕種不那麼艱苦的農業設備，能夠使農作物獲利更多，這一切都該歸功於誰？我們的商人。

誰使我們可以享受更多種類的食物、更豐富的衣服、更迷人的、更乾淨的房子？我們的商人。

誰的企業利潤使我們國家成為世界上薪資最高的國家？我們的商人。

誰使美國擁有無與倫比的鐵路交通系統？我們的商人。

誰的努力使我們能夠享有電報、電話、電臺、電唱機和電影？我們的商人。

我們能用低價獲得大量的圖書、期刊、報紙和其他讀物，這又該歸功於誰？我們的商人。

因為誰的功績使我們可以將工作小時數從父輩時代的12、14 小時降到現在的 8 小時，並還配有假期和法定假日？我們的商人。

我們給予其他人應有的榮譽，像工人、投資者、工程師、藥劑師、科學家、教師、政治家、哲學家。現在我們要為商人正名！

不要錯誤地認為商人一無是處，或認為他們為增進這個國家和你我的福利做得很少或什麼都沒做。

這樣你就會發現他們明天會為我們和我們的孩子們做得更多。

人在生命的最後一刻不應該問自己：「我有多少錢？」，而應該是「我為社會貢獻了多少？」

　　大多數大人物追求的是更大的權力，只有幾個成功人士追求的是為他人服務。

　　就是因為要「向前看」這個原因，你的眼睛才長在頭的前部。

　　如果你是聰明人，那麼即使你有機會模仿他人，也不要這樣做。

　　不幸的事比成功更能豐富你的內心。

人在生命的最後一刻不應該問自己，「我有多少錢？」，而應該是「我為社會貢獻了多少？」。

大多數大人物追求的是更大的權力，只有幾個成功人士追求的是為他人服務。

向前看，就是因為這個原因，你的眼睛才長在頭的前部。

如果你是聰明人，那麼即使你有機會模仿他人，也不要這樣做。

不幸的事比成功更能豐富你的內心。

管理中的 3 個「M」

管理中的 3 個 M 是 Men（人），Methods（方式）和 Materials（材料）。在這三個 M 中最重要的是「人」，因為無論你的方式多麼有效，你的材料多麼好，要是沒有合適的人來使用它們，也是不會成功的。當然如果沒有正確的方式和好的材料，最聰明的人也會失敗。

美國電信電報公司的前董事長塞耶曾告訴我，有些總裁費了很大力氣設計了一幅理想的企業規畫，之後就認為可以高枕無憂，不用再操心其他事情了。

塞耶先生接著說：「企業規畫在紙上可能是完美的，但這只是紙上談兵。圖表不可能自己運作，總裁一定要選擇正確的人來確保這個規畫得以實施。」

安德魯‧卡內基也曾經宣稱就算他的工廠一夜之間被大火燒毀，他也能夠從頭再來，但是如果他失去了企業中的人力資源，那就不可救藥了。

先處理好管理中的第一個「M」，也就是人力資源，正確的方法和好的材料也就隨之而來了。

任用年輕的總裁還是年老的總裁？

　　最近兩段發生在兩個家庭的對話引發了一些令人深思的問題。

　　在這兩個家庭裡，父母都感到恐慌，因為他們剛畢業的子女從學校裡帶回來了新思想。這兩對家長都是傳統型的家長。嚴肅、勤勉、敬畏上帝、尊重風俗傳統、看重一切過去的價值觀和理想。

　　他們的子女在言談舉止上則是徹底的現代派，並沒有因為固有的禮節一直存在而尊重它們。他們愛他們的父母，卻嘲笑他們的許多想法。這兩代人在宗教觀、社會觀、政治觀、財產觀、經濟觀、工作觀、娛樂觀和禁忌觀上想法都不一致。這些憂心忡忡的家長們害怕自己的後代將走向墮落。

　　他們建議我發表一下我的觀點。

　　我坐在沙發上，開始思考這個問題然後寫出來。在房間的另一端是一排小桌子。從我的角度來看，我能看到這面6個桌腳，但從另一面看卻只有5個桌腳。我看了又看、數了又數。沒錯！確確實實是6個和5個。我感到十分疑惑，便站起來去檢查。我發現其實兩面都是6個桌腳。只不過是因

為我的角度，從這面我看到的是這種情況，換個角度，我看到的就是另一種情況了。

難道這不正解釋了年輕人和老年人看待問題的差異嗎？他們看待問題的角度不同。

於是我對雙方家長和孩子都表示了理解。其中一位父親感到很不高興。最後，我提醒他，如果你不希望自己的兒子在學校裡學到新思想和新知識，那為什麼還要把他送到學校？

「如果他在大學裡學了四年卻沒有學到一點比你我更進步的新思想和新信念，那你的錢和他的時間不都白白浪費了嗎？」我問道。他禮貌地表示，我也還年輕，無法真正站在他們的角度上看問題。

在商界情況又怎樣呢？年輕人和老年人的觀點怎樣結合在一起？哪一個才能發展出更好的企業：年老者還是年輕人？成熟的經驗還是創造力？

透過對於現狀的分析得出這樣的結論：在大型企業中，兩者組合在一起是最好的搭配。年輕人如果占主導地位比由年老者占主導更有益處。年老者，如果沒有受年輕人的積極影響，將會退化為循規蹈矩，最終走向枯亡。年輕人，如果沒有年老者的引導和約束，就有走向極端的危險。

這就是為什麼現在流行的做法就是推舉一位德高望重的

年長者做企業的董事長，再選一些頭腦靈活的年輕人做總經理，這一方法收到很好的效果。年長的、有經驗的董事長在企業中充當避震器，有時充當剎車系統。他可以從細節問題上抽身出來，縱觀大局，集中精力去思考、去反思。他能從過去總結出經驗與教訓，將它們應用到未來的計畫中。而這些被給予權力和主管位置的年輕人們，可以毫無顧慮地提出新思想，形成新方針，制定出發展和擴張公司的計畫。

在全國眾多知名企業中，有很多企業採用這種方法，先選出一個經驗豐富的董事長然後配一名年輕的主管，我能想到的例子就有：紐約第一國家銀行、傑納勒爾電子公司、紐約國家城市銀行、伯利恆鋼鐵公司、芝加哥國家大陸商業銀行、阿納康達銅業公司、加利福尼亞的義大利銀行、紐約標準石油公司、威斯丁豪斯電器製造公司、紐約銀行信託公司、德克薩斯公司、紐約公正信託公司、傑納勒爾汽車公司、可口可樂公司、伊士曼柯達公司、西爾斯·路巴克公司、美國糖類加工公司。

我的觀點就是我們應該充分相信年輕一代。

管理人員與資金同等重要

　　管理人員正變得越來越重要。以前的兩大經濟力量是資金和勞動力。現在的管理人員的地位已經與資金平起平坐，而且這一趨勢會繼續發展。

　　這一趨勢的發展結果就是企業與管理人員分享利潤。現在已經有很多大型企業採用這一模式了，這些企業無一例外，都取得了令人滿意的成績。一些傑出的主管現在可以賺到比那些思想不甚活躍，資產在 500 萬～ 1,000 萬元的資本家還要多的錢。薪資加上利潤可以一年賺到 100 萬元的主管並不少見。隨著越來越多的企業開始與那些替公司賺錢的主管們分享利潤，那些不這樣做的企業也就不容易吸引、留住那些有傑出管理才能的主管了。

　　因此，美國正在創造一種新型資本家。這類資本家的增長速度必然會大大高於那些思想不活躍的資本家們。賦閒的有錢人變得越來越無能。與那些名存實亡的公司董事形成鮮明對比，這些越來越富有的公司的真正操控者正變得越來越強大。

可以贏得投資者信心的辦法

這兒有個新辦法：某大型企業給公司持股人寄出股利支票的同時，附上了一本小冊子，裡面是公司董事會成員的簡介和照片。

其他公司不應該學學這個新辦法嗎？

當我打算要買某公司的證券時，我首先考慮的就是這家公司管理層的特點和領導能力。以我接觸商界二十多年的經驗，我認為這是個非常好的辦法。

畢竟，公司的管理層不就應負責讓股票持有者滿意嗎？股票是否能夠贏利，大體上不都是由公司管理人員的能力和努力而決定的嗎？我們不是經常能看到有些一直在走下坡路的企業，在換了新的管理層人馬後，立刻開始崛起嗎？

所以，在投資者投資之前，要讓他們充分了解公司管理層，這個方法不是十分明智的嗎？

銀行業靠的就是人們的信心。你難道沒注意到，一些管理良好、先進的銀行經常在廣告裡列出他們的董事會成員名單，並附上他們所擔任的職位。

　　證券的購買將越來越取決於人們對企業領導人是否有信心。這些領導人是不是重量級人物，是不是身居要職，他們的業績是否輝煌，在商界中是否展示出了成功的能力。當然，要告訴大眾這些；這樣的資訊傳播會鼓勵投資者購買公司股票。

　　我相信，凡是擁有傑出董事會的企業如果遵循這個辦法，必然會獲益匪淺。

　　成本很低，機會無限。

產業中最重要的關係：與大眾的關係。

真正樂觀的人不會感到憂慮。

想像力為生命這架飛機提供機翼；工作則是生命的發動機。

投資者的人數將會超過勞工

投資者人數將會超過勞工，這一天就要到來了。

官方數字顯示「有收入者」為 4,300 萬，這一數字占我們總人口的 37%，包括各個行業工作的男女老少。而「勞工階級」的人數還不到這個數字的一半。

據估計現在美國有 1,500 萬的投資者。依我的判斷，這個數字有些高，最有可能的投資者總數應該少於 1,000 萬。即使這樣，投資者大軍增長得如此之快以至用不了幾年它的人數將超過勞工的總數。

有兩方面的發展引人注目：其一，消費者中證券持有者人數激增；其二，員工中持有證券的人數激增。

僅僅在公用事業領域，就有兩百萬人為股東或債券持有者，其中股東占絕大多數。

持有證券的員工人數不斷增加，目前還沒有完整資料匯總，但從好幾個大型的企業已經能獲得一些實際數字，這些數字非常重要。在公司名單之首是美國電話電信公司，共有 5,700 千名員工已經購買了價值 1.7 億美元的股票，有 20 萬的員工在 1927 年分期購買了 83 萬股，市場價值超過 1.45 億美元。

　　美國鋼鐵公司公告有 47,647 名員工擁有近 1 億美元價值的公司股票。新澤西州的標準石油公司有 16,358 名員工擁有或正在獲取價值在 3 千萬美元的公司股票。超過 4 萬名阿莫爾公司的工人為公司的股東。紐約中心鐵路公司則有 27,915 名員工控股者；賓夕凡尼亞鐵路公司為 2 萬名員工；印地安那州的標準石油是 17,837 名；斯威夫特公司是 15,700 名；伊曼士柯達──15,000 名；國際哈威斯特公司──13,500 名，加利福尼亞州的標準石油公司有 11,854 名；伯利恆鋼鐵公司有 9,398 名員工，此外公司還把額外股票支付給 13,216 名員工。

　　1926 年，費城順捷公司的員工擁有本公司 1/3 的股票，而且這一比例還在增長，這些員工因此獲得了對公司的控制權，因為他們所持有的股票可以整體拋售。同樣，在各色其他大型企業中，全體員工擁有比任何個人、任何利益集團都多的股份。幾家主要標準石油公司的情況就是這樣，甚至洛克菲勒家族所擁有的股份都不如員工們的多。調查人員同樣從許多其他的企業得到了引人注目的數字。

　　例如，富勒刷具公司的員工擁有公司幾乎百分之百的股份。加利福尼亞瓦楞管道公司的員工擁有本公司 95% 的普通股；墨菲油漆公司員工擁有 75% 的股份，A‧納什公司的員工擁有公司大部分的股份。

在 1926 年費城順捷公司一名主管的致辭中，他曾這樣說道：

「這個公司三分之一有表決權的股票，總共 60 萬股份中的 20 萬股，掌握在一個團體手中，每次會議上這個團體所選的理事都行使表決權，它之下第二大控股集團只有 5,000 股。

由於我們將很大的權力放到員工手裡，使得我們公司被稱為美國第一個社會主義集團。評論家們質疑，將員工置於如此高的位置，以至他們能夠強迫企業管理層增加他們的薪資或在分紅時分光每一分錢，這難道不是很糟糕的事情嗎？

我們的答案非常肯定：不是！

這些擁有企業大量份額股份的員工們都知道無論是他們的薪水還是分紅都依賴於他們為企業所做出的服務和努力。

我們發現隨著員工控股的增加，對責任的認可度也增加了。首先，我們的經驗教會我們，當員工認可管理層是公正地並在盡力公正地對待他們，那麼員工們就不會擾亂這種信賴關係。事實上，他們時刻準備著讓管理層更上一層樓。

員工控制股票這種做法尤其適合我們國家，我們總是以民主範圍之廣為傲。那麼有什麼會比讓員工擁有重要企業的股票更民主的事情呢？」

員工控制企業是危險的、有害的嗎？歷史證明責任總是會讓人清醒 —— 一個顯著的例子就是，當英國工黨當政時

就立刻開始走謹慎的保守路線。我們給每一個成年公民選舉權，不管他是貧窮還是富有，難道給那些存錢購買公司股份的成年人公司決策權就更危險嗎？難道這些員工不會謹慎地決定，避免做些破壞公司利益的事嗎？畢竟企業是他們的飯碗，是他們的謀生之道，並且他們在公司投入了自己的全部積蓄。當然，這一切現在看起來還很遙遠，但是每一個真正民主的公民都應該樂見這種員工控股現象。

　　順便說一句，這種現象不斷發揚壯大會使這些企業的老闆和總裁們承擔一種神聖的義務，並公正、有效地管理企業。

現在急需引導者，而非指揮者

　　我認識的一個薪水很高的主管要被辭退了。他曾擔任一名了不起的指揮者為一家大型企業取得過巨大的成功。他在這家公司取得的成果使他在業內聲名鵲起。但是他被辭退了，沒有任何公開說明。他很快找到另一份位階很高的職位，又一次快速成為指揮者。曾幾何時，他為公司創造了輝煌的成績，但是他又即將被辭退，這看起來很不公平。

　　為什麼會這樣呢？他先後任職的兩家企業發現，他的指揮可能走向了極端。第一家公司選擇了一位引導者而非指揮者做了他的接任人。這位引導者取得了比他還要大的成就，而且董事會成員們從沒考慮讓他走。他有眾多堅定的支持者。他們都急於討好他，不是因為怕他，而是因為喜歡他。他們喜歡他不僅僅是因為他友善的個性，更是因為他們堅信他一直在努力提高他們的利益，為他們贏得更好的條件，而且在朝目標的前進過程中用心地與他們合作。

　　在這個國家，指揮者已經過時了。他們過去之所以有市場是因為處在勞動者比工作多的年代，尤其是在工廠的大部分的工人由移民者構成的時代。但是，在現在的繁榮情況

下，最好的成績都是由引導者取得的，而非指揮者；是在受歡迎的主管領導下而非受人討厭的主管領導下取得的。一個剛剛得到晉升的員工曾對我說：「如果別人讓我拖地，我會很樂意做，但如果有人粗暴地要求我去做不是我分內的工作，我就不做了。」

在將來，最高的薪水是發給引導者的，而不是發給指揮者的。

最寶貴的積蓄是在他人對你的關愛和友誼。

大多數取得成功、收入頗豐的美國人，在幾年前都只是普通的伐木工人和挑水工。

生命就像打網球，發不好球的人都會失敗。

應該把重大的權力當作一枚炸彈，需要謹慎對待。

現代產業的關鍵人物 —— 領班

誰是大型工廠裡的關鍵人物？是領班。

歐文·D·揚（Owen D. Young），牽動奇異公司命運的經濟學家最近對我說，先進工業的領袖應積極關注領班問題的時代已經到來了。「領班就是工人與管理層的連接，」揚先生說道「在工人的眼裡，領班不僅代表公司，他們就是公司本身，勞資雙方的聯繫不能逾越他而進行。通常他們的想法也不能繞過他。因此，一些大的機構給予領班很多責任。」

產業的目的必須是培訓、教育員工，使之成為優質的技工同時也是有能力的管理者。不得不承認，這種複合型人才很難得。具有這雙重能力的人通常會找到比領班賺得多的職位。但是，如果領班真的是產業中的關鍵人物，難道不該大幅度地提高他們的薪水嗎？

主管是否應該成為銷售人員

一些企業主管對親身參與推銷商品的想法嗤之以鼻，但也有一些主管習慣性地參與到企業最重要、最困難的工作 —— 銷售 —— 中，從而收穫大筆的訂單。二者誰對誰錯呢？

每一個主管難道不應該把自己看作是公司裡的一個員工嗎？難道不應該竭盡所能為公司贏利嗎？如果在某種特定情況下，透過個人努力，企業主管也能獲得一筆大額買賣，但卻拒絕積極爭取機會，這樣的主管難道不該被認為是怠忽職守嗎？

一些主管認為親自參與銷售是沒有尊嚴的事情。不過公司老闆付給主管高薪不是為了抬高主管的尊嚴，而是為了讓主管更加努力，為了讓企業繁榮昌盛。

施瓦布是位公司主管，也是名銷售大師。詹姆斯·A·法雷爾和他的成長經歷差不多。約翰·H·派特森從不討厭做一名銷售人員。你能想像得出斯沃普會對能給奇異電器帶來一份大合約的機會不屑一顧嗎？我認識幾位經營鐵路公司的主管，他們都是其領域裡的王牌銷售人員。

諸如查理斯·E·米切爾[034]、查理斯·H·薩賓、路易士·G·考夫曼、珀西·H·約翰斯通、赫伯特·弗雷海克、喬治·M·雷諾茲、蘇厄德·普羅賽爾[035]、亨利·M·魯濱遜、阿馬迪奧·P·賈尼尼[036]。一則廣為流傳的傳說表明，1906年，亦即義大利銀行成立兩週年時，舊金山地區發生了超級地震。就在震後的第二天，所有人驚魂未定之際，賈尼尼用一張門板架在兩個酒桶上當桌子，他的「露天銀行」開始營業了。義大利銀行從此聲名大噪。賈尼尼處事沉穩果斷，臨危不亂，頗有大將風度，因此常能轉危為安。在賈尼尼度過的數不清的難關中，尤以與摩根財團的競爭最為驚心動魄。義大利銀行業務的迅速發展引起了當時處於霸主地位的摩根財團的不安。1928年，摩根財團控制的紐約聯儲銀行以義大利銀行涉嫌壟斷為由，強迫賈尼尼賣掉公司51%的股權，私底下摩根財團則暗暗吸納義大利銀行的股份。賈尼尼的行動迅速而又果斷，他一方面以退出義大利銀行為條件，以求拖延時間；另一方面則在德拉瓦州成立了美洲銀行（因為該州對銀行的跨州經營的規制比較寬鬆），用新成立的銀行收購了義大利銀行股權。在收購戰達到最白熱化時，賈尼尼一度資

---

[034]　Charles Edwin Mitchell（西元1877年10月6日至1955年11月14日），美國銀行家，1921年成為美國城市銀行（現稱美國花旗銀行）的董事長。他實行的極不慎重的銀行安全政策導致了1929年的金融崩盤。
[035]　美國銀行鉅子，曾領導銀行壟斷。
[036]　Amadeo Giannini，由於做事頗具膽識和氣魄，賈尼尼被認為是美國歷史上最具領導才能和領袖氣質的企業家之一。

金耗竭，好在賈尼尼突然想到了自己還買過不少保險，並以此為抵押借得 50 萬美元，總算化險為夷。與義大利銀行大眾化的市場定位相一致的是，賈尼尼的工作作風也極具大眾化色彩。賈尼尼很少坐在自己的辦公室裡，他的辦公室也沒有接待室，來訪者可以隨意推門造訪。賈尼尼認為銀行家的錯誤就在於總是把自己與人們隔開，而無法洞察變化。與絕大多數大公司的總裁不同，賈尼尼一生未用過私人祕書，當有事情要口授時，他會走到辦公大廳去找一位有空的職員來傳達。他解釋說，這樣可以節約那位職員 3 ～ 4 分鐘的時間，又沒有浪費他自己的時間。賈尼尼對金錢極為看淡，他本可以成為億萬富翁，可他堅信斂聚財富會割斷他和他所服務的普通大眾的連繫。賈尼尼有一次說：「貪戀錢財的人是可悲的，所幸的是我並不貪財。」多年來，賈尼尼一直要求美洲銀行別支付他任何薪水，有一次分到 150 萬元的紅利後，他立刻就捐贈給了加州大學。1949 年賈尼尼去世，留下的個人財產不過區區 50 萬美元，然而他留給後人的精神財富卻是無窮的。約翰‧G‧朗斯代爾、梅爾文‧A‧特雷勒、J‧達布尼‧戴、亞伯特‧H‧威金 [037]、魯道夫‧S 赫克特、湯瑪斯‧W‧拉蒙特、沃爾特 W‧黑德此類頂尖的銀行家們並不認為當機會出現的時候，自己不該屈尊去做推銷。

---

[037]　西元 1868 年 2 月 21 日至 1951 年 5 月 21 日，美國銀行家。在 1929 年金融崩潰時，他和其他銀行家一起參與了拯救金融市場的行動中。

　　一位銷售經理曾多次抱怨自己丟掉幾個大訂單都是因為對手公司的某位主管也插手競爭。我找到這位主管，問他是如何做到的。

　　經過我的耐心說服，他終於開始解釋道：「如果我知道透過使用我們的產品能讓某家公司節省一大筆錢的話，我就會收集所有的資料然後找到這家公司的負責人，向他展示我們可以為他的公司所做的事情。通常，他們都會給我們下訂單。我覺得透過這樣做，我既幫助了他們，同時也為我們公司開了財路。」

　　尊嚴不能創造出紅利，有利潤的訂單卻能創造紅利。一個主管的工作不就是盡其所能誠實地賺取他的紅利嗎？

通常，在繁忙的工作之餘，抬頭看看天空是有好處的，這樣能開闊我們的視野，防止頭腦處於雲山霧罩之中。

做事要提前計劃，否則你將落後。

你捍衛住了你的頭銜嗎

「這些人需要捍衛他們的頭銜」這個標題出現在「美國高爾夫球員冠軍」的照片上方。

其實我們每一個人，無論是首席執行官還是勤務員，都有一個頭銜要去捍衛，難道不是嗎？

我們每個人都有頭銜，你的頭銜可能是總裁、副總裁、總經理、監管人、領班、銷售經理、銷售員、出納、速記員、店員、技工、妻子、傭人、理髮師。不管你做什麼，你的位置是什麼，你總要有個頭銜，並要捍衛這個頭銜。

我們每個人都有機會在自己的領域裡做得出類拔萃，成為冠軍。

又或者，我們會倒下，可能會失去自己的榮譽，被歸為失敗一族。

在日常工作中，這種競爭不正和體育界中的競賽一樣嗎？

只要想一想，你一定會想到一兩個，甚至許多沒能成功捍衛頭銜的朋友和熟人。他們在前進的道路上被落下了，也許有些人甚至在人生的戰場上也失敗了，成為可憐的被擊垮的一族。

　　再看看相反的一面，出類拔萃的人在任何一個他為之奮鬥的領域都會成為「領頭羊」。

　　當時，在世界最大公用事業公司工作的，年僅 40 歲的副總裁沃爾特・S・吉福德贏得了其行業的最高榮譽。他手下有 33 萬員工，雖然是美國電信電報公司有史以來最年輕的總裁，但他的同事和董事會成員都認為他是當之無愧地得到這個總裁職位，任命他為總裁並沒使任何一個了解情況的人感到驚訝。

　　幾乎是同一時期，人們對西爾斯・羅巴克公司所選出新領袖查理斯・M・基特爾做出了很多評論。西爾斯・羅巴克公司是全球最大的郵購公司。這位新的領袖並不是出身於郵購業，他原是某鐵路公司總裁。但凡是知道他的經歷的人都毫無驚訝地接受了這一消息，因為基特爾早就展示過他非凡的領導才能。

　　再看看美國最大的金融機構的職位變動。紐約城市銀行需要一位新領袖。最後誰當選了？當然，有很多主管和副主管都在待選之列。然而，最後的勝出者並不是最資深的主管，而是一位 44 歲的年輕人 —— 查理斯・E・米切爾。因為那些公司的股東們意識到了他身上具有最高領袖的風範。米切爾從副主管榮升為紐約城市銀行的總裁，他以實際行動充分證明了選擇他是正確的。

　　前不久在紐約、芝加哥、洛杉磯的一些銀行業中，風雲人物脫穎而出。亞瑟·W·勞斯比成了紐約公正信託公司總裁；A·A·蒂爾尼當上了紐約銀行信託公司的董事長；史蒂文生·E·沃德榮任紐約國家商業銀行行長；約翰·麥克修繼任紐約國家才思銀行總裁；查理斯·S·麥克凱恩榮升紐約國家派克銀行行長；詹姆斯·B·福根去世後，弗蘭克·O·韋特莫爾和梅爾文·A·特雷勒成了芝加哥第一國家銀行的主席和總裁。在舊金山詹姆斯·A·巴奇葛路皮榮登義大利銀行董事長寶座，而羅伊·A·揚（Roy A. Young）則剛剛加冕為聯邦儲備局主席。

　　全國最大的鐵路公司 —— 賓夕凡尼亞鐵路公司任命W·W·阿特伯里為最高領袖。派翠克·E·克勞利獲得了紐約中心鐵路公司最高職位。兩位年輕人O·P·斯維林根和M·J·範·斯維林根兄弟 —— 白手起家最後將尼克爾鐵路公司 [038] 發展成了規模龐大的鐵路公司。

　　最近在商界崛起的大腕還包括傑納勒爾電子公司的主席歐文·D·揚和董事長傑勒德·斯沃普、紐約電話公司總裁詹姆斯·S·麥卡洛、美國羊毛製品公司董事長小A·G·皮爾斯、電子證券股票公司的S·Z·米切爾、雪佛蘭公司總裁A·P·斯隆（A. P. Sloan）、F·阿莫爾公司董事長埃德森·懷

---

[038]　原設有紐約、芝加哥和聖路易斯的鐵路，後來和諾福克與西部鐵路匯合。

143

特、汽車榮譽公司董事長沃爾特·克萊斯勒、太平洋汽油和電子公司董事長 A·F·霍肯比默、H·M·比利斯比公司總裁約翰·J·歐布賴恩、大陸聯合保險公司董事長歐尼斯特·斯特姆、普爾曼公司董事長埃德沃德·F·卡里、中西部公用事業公司董事長馬丁·J·英薩爾、菲力浦·莫瑞斯菸草公司董事占魯本·M·艾理斯、美國快遞公司董事長弗雷德里克·P·斯莫爾和約翰斯·曼威爾公司董事長希歐多爾·T·默塞爾斯。向上攀登，不要膽怯。困難使我們前進。

　　你是否成功地保住了你的頭銜？

　　你是否向著優勝者行列前進？

　　是的，我們每個人都有一個頭銜需要捍衛。

　　向上攀登，不要膽怯。

　　困難使我們前進。

你一定要放低身段

唐納德是一位資深的蘇格蘭莊園管家，同時也兼任高爾夫桿弟。有一次，有位有錢人租住在莊園裡打球，他為這位有錢的英國人背球袋。

這個有錢的英國人非常想擊敗他的對手，但他的球技令人無法恭維。最後他對唐納德說：「祈禱我能打出一杆好球吧，唐納德.」

「好的，先生。」

英國人完美地揮動了球杆，但球卻偏離了草地，掉進了灌木叢。

「唐納德，」他大聲說道：「很明顯你並沒有為我祈禱。」

「我為您祈禱了，我確實做了，但您必須先低下頭，放低姿態。」

唐納德樸實的評論中難道不正是蘊涵了許多常識和哲理嗎？難道我們許多商人不應該好好學習嗎？

能呼吸並不表示活著。活著意味著要思考、要計劃、要挑戰、要行動、要爭取，還要帶著寬厚的心去做這一切。

資金與管理

我被割草機刺耳的噪音驚醒了。

我去車站的時候,看到一名工人正吃力地推著割草機,汗流浹背。

我繼續往前走,幾分鐘後,在一間考究的房子前,看見另一名工人也在用割草機割草,但並沒有流汗,因為割草機上有馬達,這讓他省了很多力氣。他只要不時地將割草機轉向就可以了,機器為他做了其他的事。

這臺電動割草機能夠完成老式手推式割草機幾倍的工作量。

為什麼這片草地要人工去剪草,另一片就由機器來做呢?

因為第一片草地相對較小,所以主人也許覺得沒必要花錢購買一臺電動割草機。另一片草地無疑是屬於一個有錢人的,這個人能買得起節省勞動力的機器。

從割草機我想到了國家,想到了工人和資本家們。

美國已經到了電動驅動的時代。別的國家還沒有這麼先進。

　　操縱較貴的電動割草機的人在一兩個小時內就能完成手動割草機一天的工作量。美國擁有大片草地，就算這臺設備需要大筆資金，也適合使用節省勞動力的設備。其他國家的土地相對來說小得多，也沒有錢投資在器械上。

　　「勞動創造財富。」電動機械支持者們喜歡這樣說。

　　但現在的事實是，持手動割草機的工人比持電動割草機的工人工作得更努力，但他的成果卻還不及對方的 1/4，為什麼？

　　因為這個人手裡持有少量的資金，而另一個工人手裡的資金卻多得多。他們的產量差距並不是因為他們本身的資質，而單單取決於他們手裡有多少資金可以投資在工具上。換句話說，是資金讓一個人比另一個人更多產。

　　每一個人都願意承認，世界上沒有任何一個國家的工人能趕上並超越美國工人。

　　但是，有時候工人們、電動機械支持者們和政客們卻拒絕承認，正是資金和管理才可能使美國工人比外國工人多產。美國工人手裡有 3 千萬電力供他們使用，相當於 3 億人力。其他國家的工人沒有這麼多的電力任他們使喚。這好比走路，汽車能讓我們舒服地走更遠的距離。同樣道理，電動機械讓我們的工人能舒服地完成更多的工作。

　　資金和管理給予美國工人無與倫比的驅動力，美國工人

的人均生產量要大大超過外國工人。也正是因為美國工人如此巨大的生產量，美國老闆才能支付得起高於其他國家兩三倍甚至四倍的薪資。

也正是因為如此高的薪資，才使得上百萬的美國工人能夠享受到其他國家的工人做夢也想不到的高品質生活：汽車，自己的房子，電話，收音機，股票，大額的人壽保險，送孩子去受高等教育。對於其他地方的工人來說，這一切都遙不可及。

公正地說，如果沒有資金和管理，這一切都是不可能的。

> 太過安逸就像給雪橇塗上油，會讓你急速滑落。
>
> 不要急於超越別人，先超越自己。

如果你不喜歡應付難事

在一次商業談判中，我要求一家大型企業做件事情。我知道這件事情需要一些聰明才智才能完成。結果負責這件事情的一個小主管回覆我說，他感到很抱歉，因為他無法完成它。而且，他提到了好幾個難處。

這件事情是否能夠按照我的要求完成，對我的生意非常重要，因此，我給他寫了封信，上面寫道：「僅僅幾週前，我與你們公司的董事長談到了處理難題和管理人才的話題。他告訴我說，在他公司裡有很多人能夠完成那些看上去不可能的工作，他為此感到非常驕傲。那你是哪一種人呢？是那種承認事情不可能完成的人，還是那種你們老闆認為可以完成不可能完成任務的人呢？」

一收到這封信，他立刻給我打來電話說他會完成這個任務。

超過半數大企業的老闆們都是那些喜歡挑戰超常難題的人。他們厭惡老套的事情。簡單的事情對他們來說毫無吸引力；他們喜歡迎接挑戰；他們喜歡構想出一些雄心勃勃的、極難實現的計畫，然後全身心地投入到這項計畫中去直至順利完成它。

應該支付大額補助金給那些熱衷於克服困難的主管們。一個年薪只賺 2.5 萬美元或 5 萬美元的人只會想到要處理那些毫無難度的日常事務，無異於一個一星期賺 25 美元員工的工作。

坦率會激發信心。蛤蜊總是隱藏自己，所以它哪裡也去不了。

凡是出售自己尊嚴的銷售人員根本賣不出去別的東西。

要想成功地完成某任務，先要看清它，也要看清周圍的人。

凡是讓自己調頭的人一定是意識到自己走錯了方向。

不要奉承別人，也不要期待別人來奉承你。

競爭使我們保持備戰狀態

有位主管在美國六家最大工業公司之一工作，當我向他感慨越來越激烈的競爭正在逼近時，這位最有魄力的主管說：「競爭，我歡迎競爭。在一個行業中，公平的競爭越激烈，對這個產業也就越有利。它會刺激這個產業提高產品品質，還會減少成本和價格。價格越低，消費量也就越大，這個產業的成長也越快。競爭使我們時刻保持備戰狀態；讓我們調整自己；讓我們變得熱切；讓我們思緒敏捷；使我們不斷進步；使我們去確認是否有浪費和低效能的部分，然後去除它們。」

「我不願意從事任何一個沒有競爭刺激的產業。在這個產業裡，我們期待競爭，我們歡迎競爭。如果我們不能對抗新來的競爭者，那我們就不配成功。我們認為，在我們這一行，我們不會比別人知道得少，我們非常願意與他競爭，只要他也能像我們一樣去公平競爭。」

非常有氣概的態度，不是嗎？

請將這一態度傳遞給你的銷售團隊。

你善於用人嗎

一天，有位總裁攔住我說：「我喜歡你寫的那篇〈管理、用人、監督〉的文章，但是我認為你沒能足夠強調『善於用人』這部分。在美國，有很多人知道如何管理組織，卻沒有多少有頭腦的人知道如何善用人。」

他說的是真的嗎？

通常只有非常了不起的大人物才知道知人善任，然後讓他們放手去做。

現在來看，如果總裁不敢用人，不正是反映他對自己的信心不足嗎？當董事長或總裁打算將某人委以重任時，如果他總是想要干涉這個人的工作，不正表明他對自己選人的能力並不自信嗎？如果經理對自己的識人能力非常有信心，他就會毫不猶豫地使用他所選的人，讓他放手去做。

弗蘭·W·伍爾沃斯曾跟我說，多年來他凡事都是親力親為，因為他認為沒人可以像他一樣有效率地工作。直到他有一次累垮了被送到了醫院，他才發現原來別人也可以做得跟他一樣好。這次經歷是伍爾沃斯一生的轉捩點。

「從前，我只是小規模地經營我的生意，那之後我學會了如何大規模地經營。」他這樣對我說。

洛克菲勒也是最早知道如何用人的大師之一。

我知道有個中型企業的主管，他總是堅持親自做每件小事。這個人每天至少工作 12 個小時。他沒有足夠的勇氣把責任分擔給別人，放手讓他們去做。他這樣的做法有三個重要結果：一、他的生意不會迅速壯大；二、他的企業裡沒有能代替他的人；三、他的健康將垮掉。

著名的商業作家兼員工培訓師 —— 赫伯特・N・卡森如是說：「正如一艘船的船長需要有大副和技師一樣，每個商人也需要有顧問；將軍要有上校；上校要有上尉；上尉要有中士。太多的商人都錯誤地試著親自完成每一項工作。有些人甚至會說，『如果我離開辦公室一天，就會出事』。如果這是真的，那麼說這話的人就是一個不稱職的團隊領導者。」

「就連從古到今最聰明的商人 —— 安德魯・卡內基，也是直到找到了施瓦布才開始開展他的宏偉計畫。卡內基招了43 個人，都是窮人，最後他把他們都變成了百萬富翁。」

「作為對比，我們比較一下卡內基和德國的斯蒂尼斯。」

「20 世紀，卡內基建立了一個資產 3.5 億美元的鋼鐵王國，至今這個王國依然屹立不倒，比以前還強大。斯蒂尼斯在六年內建立了一個資產 1 億的鋼鐵王國，但卻沒有建立相

應的工作團隊。斯蒂尼斯的王國在失去斯蒂尼斯之後只維持了不到兩年就垮掉了。為什麼？因為他沒有建立一個強大的工作團隊。」

當今同類行業中最成功的一家企業的總裁告訴我：「我做的事並不多，只是到處走走，尋找合適的人，如果我找到了這個人，我知道這個工作就能順利完成。」

這位白手起家的大富翁知道知人善任的道理。他任命一個人，放手讓這個人去做，然後觀察結果。他並不總是監督他的手下，卻總是細心地關注結果。當然，他會毫不猶豫地辭掉那些做得不好的人。

現代產業將越來越講求用人的藝術。那些害怕用人的人將會抑制產業發展，既抑制自己的發展也抑制了企業的發展。如果你想經營一個一人企業，那就經營賣花生的攤子吧。

> 許多身居要職的人是自己創造出這個職位的。
> 要想逐漸獲得成功，必須忘記林林總總的往事。

第一要了解自己，第二要了解別人

約翰‧D‧洛克菲勒曾經評論道，除了要了解自己，第二重要的事情就是要了解別人。

我之所以想起這句話，是因為 H‧戈登‧塞爾弗里奇寫給我的一封信，在信中他說起他曾在馬歇爾‧菲爾德手下學習，後來移民去了倫敦，在那裡成立了當地最成功的百貨商店。

「你為什麼不偶爾到這邊來轉轉，看看我們都在做些什麼。我們正在按照自己的方式來做事。你可能已經注意到了，我們有五六十個員工正在美國學習，吸收那個偉大國家的活力和熱情，同時我也希望他們能向接觸到的美國人傳遞些我們這個文明古國特有的優雅和高貴，現在事情進展得非常好。」

很多個人和企業最大的問題就是他們太自滿。要想獲得最大的成果，不僅要努力工作，還要有目的地閱讀、到處旅行和大量地思考。

打廣告，否則耀眼的光芒也會消逝

人們從未用登廣告的方法來刺激鋼鐵的消費，不是嗎？鋼鐵產業一直在沉睡。它滿足於一路慢跑，人們不再去研究、發現鋼鐵的新用途，也不採用現代廣告推銷的方法使鋼鐵優先於其他原物料成為競爭者的首選。

結果怎樣呢？

根據伯利恆鋼鐵董事長查爾斯‧M‧施瓦布的說法，「美國在鋼鐵業上已投資近 50 億美元，但這個產業的總體利潤加起來還不到投資的百分之五。」

棉花製造業是另一個受到其他原物料競爭攻擊的產業。這個產業也是毫無進取心地繼續遵循著上個年代制定的慣例運作著，同樣也沒有利用現代最強大的商業手段 —— 極富創造力的廣告來加以推銷。結果就是，近幾年，這個產業的投資報酬率少得可憐。

同時，嫘縈一直在有效地打廣告，每個消費者對它都很熟悉，因此嫘縈得到了廣泛的使用。絲綢生產商也成功地登上了看板。

　　因為自己的產業生產的是生活必需品，就認為人們一定會過來買我的產品，不需要邀請和遊說，那就是犯了一個致命的錯誤。

　　沒有幾件東西比木材還重要，但木材產業卻清醒地意識到廣告的重要性。為了對抗來自於木材替代品日益強大的競爭力，木材產業在全國範圍內打起了廣告，其中有些廣告因其製作極其精巧而受到大眾青睞。

　　水泥製造商也意識到了宣傳其產品的重要性，它透過廣告巧妙地告訴人們水泥的許多新用途。還有黃銅產業、銅產業、製冷器產業及其他產業都意識到了廣告的重要性。

　　美國鋼鐵公司在 1927 年發表了一則公告，決定成立研究部門，由原來耶魯大學化學系主任約翰斯通博士擔任領導人，這個補救措施雖然有些遲，但還為時未晚。在那時，很多行業已經採取了更多進步的策略。

　　建築鋼鐵製造商在幾年前就意識到應該團結在一起，因而成立了美國鋼鐵建築研究所，其宗旨是「透過推進研究來進一步發展產業，發展制度化和更好的商業程序」。其初始成員為 50 個工廠（1921），幾年後增長到 218 個工廠，顯示了鋼鐵生產業的龐大規模。

　　結果就是，現在在一百多個城市中，在設計、生產和使用的建築鋼鐵都是統一規格。這樣，每幢大樓的用鋼量比從

前節省了近 10%。同樣,人們也將鋼鐵廣泛應用到建造住宅上。這是個全新的領域。用鋼鐵做框架的住宅現在變得很流行,據說價格並不比使用其他材料貴。而且用鋼鐵做成的房子防火,還可以抵擋地震和龍捲風的威脅。

商業或產業一定要不斷進步才能繼續贏利。沒有哪個商業或產業能承受得起總是慵懶的隨波逐流。光芒即便再耀眼也可能消逝。

一匹純種馬不需要鞭打,也會盡力。

最後成功的人都是些拒絕被判失敗的人。

汗水帶來智慧。

如何做一個受歡迎的主管

要想獲得徹底的成功，一定要做個受歡迎的主管。

但從前的情況並非如此。那時企業的規模很小，多屬於勞動力密集型企業，企業競爭也並不是十分激烈，企業老闆的形象並不被外人所知，那個時候並不像今天這麼強調要做個受員工歡迎的主管，主管要和員工同舟共濟、榮辱與共。

現代的大型企業無法容許自己的主管不受員工的愛戴，不被大眾和投資人所信賴。

大多數的企業都十分看重他們與外界的友好關係。

今後的五年、十年，企業會更加看重位高權重的主管是否能擁有別人的好感。

那麼，一個主管該如何最大程度地擁有業內友好關係呢？該怎樣贏得別人的喜愛呢？

在過去十年中，我曾拜訪過很多工廠和企業。通常，工廠的主管會帶我參觀工作間，我總是試著去了解工人對自己企業的態度，或者說對主管的態度。得到的結論是怎樣的呢？

　　概括來說，主管有三類：

　　第一類，守舊的、極度威嚴的主管。這類主管總是高高在上，很少接觸工人，也從不進入工作間。

　　第二類，這類主管並不完全與工人們隔絕，他們經常視察工廠的各個部門，但卻常常板著臉，很少跟工人交談，也不對工人的表現表示讚許。

　　第三類，這類主管會受到工人們的夾道歡迎，老工人們直呼其名。他們和藹可親而又完全民主，他們談論著「我的孩子們（這裡指年輕員工）」並把自己也看作是工人中的一員，公司大家庭中最能幹、最受歡迎的一員。

　　第一類主管已經過時了，通常只有老古董似的人才是一副主人對待僕人的架勢，像一個獨裁者似的要求別人服從。現在，仍有幾個這樣的老古董身居企業要職。但是，一旦這樣的企業成功，你就會發現，在這些老古董手下總有一兩個主管儘量親近工人並爭取到他們的忠誠、信任和愛戴。

　　有一天，我參觀了美國最成功的製造公司之一。這個企業七年前以 500 萬美元的資金起步。後來，除去任何額外的外部資金，這個企業的利潤已超過 5,600 萬美元，它的資產已超過 5,000 萬美元。

　　這個公司的創建人兼主管就屬於第三類主管。他辦公室的大門總是敞開著，辦公室的地板上什麼都沒鋪，人們不

知道他真正的辦公室到底在哪兒，因為他基本不待在辦公室裡。他花大量的時間待在工作間裡，待在機器轟鳴的廠房裡，待在熔鐵火星飛濺的地方。所有工人都熟悉他的面孔。很多工人都直呼他的姓名，他從不試圖保持高貴，如果他擋了正在拖拉推車工人的路，工人們會讓他走開，而他也迅速地閃開，有時候還會道歉。

這個人就是汽車業傳奇人物，查理斯‧W‧納什。

我曾有一次與哈利‧巴西特一起巡視別克廠區，他當時是別克公司的總裁。對於工人來說，他就叫哈利。他不斷地從一個廠區走到另一個廠區；工人們接近他，他也接近工人們，就好像他們之間沒有任何身份差別，如果他沒有菸了，他會不假思索地向旁邊穿著工作服的工人要上一根。

第一類型的總裁們厭惡這種方式。大多數第二類型總裁懷疑這麼做是否得體，有些則懷疑它的效力。

然而，在我看來，正是第三類總裁最受歡迎，並經常會創造出最好的業績。

年輕一輩的總裁們是否認為第三類總裁是可行的呢？現在還不確定。因為現在的趨勢是企業變得越來越大。而目前大多數第三類總裁都是當企業規模相對較小時從基層崛起的。很明顯，讓年輕人進入這樣千人以上的大企業，並讓他在一步步向上爬的過程中與每個人混熟簡直是超人般的任

務。但是，那些憑著真本事走到企業頂端的人已經慣於處理超難任務了，如果他們是平庸、普通之輩，他們也不能爬到最高層。

向未來展望，事情似乎很明顯，那就是主管和工人們的友好關係將變得越來越重要。種種預兆表明工業管理將變得更民主化，工人們在決定自己的待遇問題上將有更大的話語權，一個不受歡迎的主管將會變成公司負債而非資產。換句話說，隨著產業的進一步發展，與工人的友好關係必然會變得更加重要。

依我的判斷，我們現在只要稍稍瞥一眼就會發現透過這種方法，我們可以獲得工人的忠誠、熱心和兩倍三倍甚至四倍的工作熱情。我堅信，通過改善工人們的心態，我們將收穫比改善機械設備更多的利潤。這是一個還未被開發的金礦。

英國派到美國的調查人員得出了這樣一個結論，美國的企業之所以超越了英國企業，其中一個重要原因就是因為美國老闆花了比英國老闆更多的時間、付出了更多的努力去培養與工人的友好關係，去調動工人們的積極性，這個調查結果難道不是具有深遠意義嗎？

我們已經開始起步了，但僅僅是起步。朝著這個方向堅定走下去，第三類的總裁們將取得更大的進步，不是嗎？

主管受員工歡迎，企業就能最大程度地獲得成功。一個總裁除了要完全了解自己的行業，還一定要具有民主的個性，不要高高在上、遠離自己的工人，一定要把自己當成他們中的一員，贏得他們的信任，還要掌握既能與基層工人打成一片又不破壞適當紀律性的藝術。

主管們應該發給自己多少獎金

有識之士認為某家大型企業給主管設立獎金的做法是一件非常公平、合理的事。每個主管賺的錢都能足夠讓他舒舒服服地生活。這些錢是因為他做好了本職工作而得到的報酬。

為了能夠獲得額外的報酬、擁有大量積蓄,他就要透過做出些非本職工作來賺取。這種工作不是本職工作的變種,而是透過自己深思熟慮、自己的創意、自己的足智多謀和遠見而激發出的工作。

誰來評價每個主管特殊貢獻的價值呢?

企業將每年利潤的百分之一拿出來,用來獎勵各個主管。每年年底,每個主管都要起草一份獎勵名單,上面寫明他認為每個主管應該得到的獎賞金額。在這份名單上他不可以評估自己和總裁應該得到多少獎勵,然後簽上名字上交給總裁。

總裁統計了所有人提出的獎勵金額,仔細地分析並計算出每個人應該得到的平均數字。這樣,每個主管的獎勵金額就由他的同級主管評估出來了。總裁有權力對一些獎勵進行

調整，因為主管中某一兩個人所做的某些服務可能是不被他人所知的。

總裁自己的獎勵也是由其他主管們來定。但是任何一個主管都不可以評估自己的報酬。

這一計畫激發了工作效率，激發了進取心，也產生了不同凡響的效果。每個主管每天都積極地做出具有顯著價值的工作。而且，團隊協作精神也得到了提高，因為沒有一個主管想要招致同級主管們的不滿。每一個人都積極地與其他人合作，而且每個人都竭盡全力地努力提高企業的利潤。因為他們個人的利益將會受到公司利潤總額的影響。

這家大型企業的崛起激起了全國的熱烈討論。

> 沒有一部電梯能把你直接送往成功的頂點，通往成功的每一步樓梯都要自己去爬。
> 沒有一位船主會任命一名未曾和風浪經過多次搏鬥的人為船長。

主動增加員工的薪資是最好的方法

當你的員工表現優秀，值得獲得更多的薪水，不要迫使他們不愉快地請求你給他們加薪，請主動給他們加薪。未經要求而獲得的加薪要比從老闆手裡強求來的加薪強得多。

一個從未想過要對顧客索要高價的主管對其員工微薄的薪資卻毫不在意，只要員工不提出抗議，他也就泰然處之，難道不是這樣嗎？確實，應該給員工加薪卻沒加，這跟向顧客索要高價、賺取昧心錢在道德上是同樣錯誤的。難道不該像體諒顧客一樣地體諒自己的員工嗎？

現在我們許多管理良好的企業都在致力於研究如何主動增加員工薪資的問題。越來越多的企業開始一年多次檢查員工的薪資單，然後做出合適的調整。

這樣，如果一個員工要求加薪，財務部門就會通知他，管理層認為這已經是他應得的薪資了，暫時不能考慮加薪。

怎樣才能讓銷售人員的運氣好些

銷售人員的運氣並不總是很好，推銷的東西有時候總是賣不出去，買家應為此負些責任。

買家該如何對待銷售人員？

一家公司採購部門的主管給出了一個答案。這個採購部門每年要花費 7,500 萬美金。傑納勒爾電子公司的採購部經理──L‧G‧班克立下了這些「規章制度」，要求每個員工都要遵守：

「我們的政策和原則都是經由領導層級批准的，這些政策和原則對所有人都是公平和合理的。」

「我們致力於給每個人一個公平的交易。」

「我們認為任何一個拜訪我們的人所帶來的生意不僅對他重要，對我們也同樣重要。」

「我們與銷售代表的會見時間沒有固定。」

「可以說，我們可以從早晨 8 點開始招待來賓，一直到公司下班，包括午餐時間和晚間時間。」

「我們會見每一位來訪者，並應該帶著禮貌、寬容和體諒來接待他們。」

「每封來信或任何形式的訊息都應該以同樣的方式來對待，要盡可能即時地回覆每封來信。」

注意那句話：「我們認為任何一個拜訪我們的人所帶來的生意不僅對他重要，對我們也同樣重要。」

銷售人員經常會遭遇另一種截然不同的態度。有些採購員——還是高級採購員，表現得好像銷售人員是個大麻煩，如果無法躲起來就不待見他們。這些採購員忘記了，是托銷售人員的福他們才得以生存。如果沒有銷售人員，還能剩幾個採購員？

此外，還有些採購員忘記了，其實他們也是銷售人員。每個工作日，他們都在「推銷」他們的企業。他們或是在幫助企業得到個好名聲，或是在幫助企業得到個壞名聲；或是給老闆創造友好關係，或是給老闆創造惡劣的關係。正如有人曾這樣說，一個企業可能遍布全世界，可能雇傭了 10 萬名員工，但是，一般人們只是透過與其中一名員工的接觸而形成對這個公司的評價。如果這個員工是粗魯的，或是沒有效率的，通常要用大量的善意和效率才能彌補這個壞印象。公司的每個成員，無論他處於哪個職位，當與大眾接觸時，都是一名推銷員，他給別人留下的印象都是一種宣傳，或好的或壞的宣傳。

所有的採購員都意識到這點，並依此行動了嗎？

　　沒有幾個公司比傑納勒爾電力公司更成功，也沒有幾個公司比它更龐大。

　　不得不承認，早在 1920 年代前，傑納勒電力公司所建立起的中央集權式的採購部就已經做得非常到位。

　　難道其他董事會、其他領導人和採購人員不該也採用並實施這套簡單的、人性化的規章制度嗎？這套制度在傑納勒爾電力公司可是收到了令人滿意的效果。

　　這樣，銷售人員的運氣也許會更好些。

工作就是為了賺錢是不行的。

把世界當成你的債務人，不用擔心它會不會還你錢，因為它最終會還的。

學習比你更成功的人，但不要暗中傷害他。

沒有錢我們也能很快樂，但沒有朋友就不行了。

"Win"（勝利）的中心字母是"I"（我）。

一克的想像力比得上一噸的權力。

帶薪休假使員工效率翻倍

　　我們一些最進步的企業總裁正迅速地採用帶薪假期的政策，這個政策應用於各個級別的員工。勞工統計局在 1926 年宣布：每 5 個受調查企業就有兩個企業已經採用了這個政策。有些企業只把帶薪假期給那些有工作業績或工作了一段時段的人，工作時間通常是一年以上。還有些企業訂下了某些規定，例如根據一年的出勤率決定是否給予員工帶薪假期。

　　我沒聽說有哪個企業後悔給員工們設立帶薪假期的。

　　根據 1925 年的調查，紐約州的工業部部長發現「所有給工廠工人提供假期的主管都很贊成這個計畫。他們說，這個休假政策帶來了『員工對公司的忠誠』、『降低了人員更換率』還提高了『工人們的滿意度』」。一項針對 1,500 個工廠進行的調查顯示，雖然在 1,500 個企業中有 90％的企業給辦公室員工提供帶薪假期，但只有 18％的企業提供帶薪假期給一線生產工人。而在擁有超過 2,000 名員工的大企業中，有 39％的企業給員工提供帶薪假期，辦公室員工的平均假期是兩週，但工廠工人的假期只有一週。自從這次調查後，推廣帶薪假期就得到了實質的進展。

　　也許你會感到驚訝，但其實在歐洲的某些國家，早在第一次世界大戰結束後就通過了類似的法律，要求雇主們給予員工帶薪假期。在這些新興民主國家裡，給予員工帶薪假期已經成為法律而不僅是新型民主特例。推行帶薪休假的效果非常好，以至於連起初反對這一改革的雇主也感到非常滿意。有些歐洲老闆甚至在員工度假期間支付給他們一些額外補貼，這樣員工們就可以用這些錢旅遊或用於其他休閒活動。歐洲老闆們聲稱，帶薪假期的效果非常令人滿意，員工的士氣和生產力都有了顯著的提高。

　　將工廠關閉一週、十天或更長。在關閉的這段期間，卻不給工人任何的補償。這種舉動非但不能激發工人們的忠誠度和工作熱情，反倒會導致工人們的怨恨。大體來說，美國工業已經發展到很繁榮的階段了，已經繁榮到可以為各階層工人提供帶薪假期了。「先這樣做的企業，會得到雙倍的效果。」

節日是拉攏員工的好機會

給老闆們一個建議：利用耶誕節，做些事情來拉攏你的員工。

許多企業已經開始有所行動了，但還有許多大型企業依然無動於衷。如果小企業在耶誕節期間為員工謀些福利，產生了很好的效果，為什麼大企業不效仿呢？當然這樣做可能需要一些努力和花費。

並不是說為了表達聖誕精神，就一定要花很多錢，還有很多其他的方式也能收到同樣好的效果。重要的是要表達出誠意。要讓每個員工感到公司的領導人是十分真誠地表現出友好和善意。一棵聖誕樹、一頓聖誕午餐、一頓聖誕晚宴、一場聖誕晚會、一個聖誕禮盒，哪怕是只給每個員工一份聖誕祝福，只要是真誠的，都會引起員工們熱情的回應。

獎勵是提高生產力最快捷的方法

在晨報上出現了這樣一篇報導，採訪的是普羅科特·甘布林公司的理事，而他原來只是該公司的一個門衛。報紙上還有一則公告，說的是一些建造紐約的新赫茲出版社大樓的建築工們被授予了優秀技能獎章和證書。這些報導給了我們一些提示，解釋了為什麼美國工人的人均生產力會大大高於英國、德國、法國和義大利的工人的人均生產力。

難道所有的大型機構不應該實行類似的獎勵方案嗎？難道在大型工業或其他領域的工廠裡工作的工人不該因為傑出表現而被提拔為工廠委員會委員、獲得金質獎章、再加上一年一次金錢上的獎勵嗎？

難道每一個行業沒有工作表現好壞之分，工作成績優異和業績很差的區分嗎？現在人們已經越來越關注對工作表現傑出的銷售人員實行獎賞的制度。不過話說回來，難道在其他行業工作的優秀員工，特別是生產部門的優秀工作人員不應該給予相應的鼓勵嗎？毫無疑問，在一個企業中，生產部門與銷售部門一樣能給該企業帶來經濟效益。

現在許多公司都獎勵那些遵守規章、守時和不跳槽的員工。

　　獎勵在普通部門表現突出的員工將會讓原有的獎勵觀念前進一大步。

　　公司董事應該代表本公司股東的利益,同時代表全體員工的利益。一些進步企業做出了一些值得稱道的舉措,他們吸收雇員做企業的股東。但是又有幾個這樣的企業做出了合邏輯的更進一步的舉措:給予這些持有公司股權的雇員們董事會的代表權呢?答案是否定的。

　　既然說在各大企業中所有雇員控股總數已經超越了任何一個個人的控股數額,那又有什麼理由拒絕在董事會中給予這些雇員一個席位來代表所有員工的利益呢?既然認定吸收雇員成為企業股東是合理的規定,那為什麼讓他們成為董事會成員就是不合理的規定呢?

　　答案就是,這是合理的規定。對於任何一個現代的、真誠的、光明正大的企業來說,不願讓雇員在董事會上占有一席之地的管理就不是正確的管理。

　　十年後,企業讓普通員工成為董事會成員的舉措很可能成為規定,而不只是個例。

　　為什麼不在現在就開始採用這樣的舉措來贏得員工們的信任和忠誠呢?為什麼非要等到最後時刻,等到此類舉措被看作是不得已而為之的時候才實行呢?

為了更好的收穫，教育你的員工

為什麼美國工人的生產力比起以前有了很大的提高？

完整的回答不應該僅僅是：他們有了更多的機器供他們使用。

一個重要的答案是：他們現在更好地意識到，全身心投入生產會像幫助其他人一樣幫助自己。

我曾流覽過一家出版社收到的訂書單。這家出版社專門出版一些關於商業、工業、投資、人生故事、成功商人之類的圖書。我非常驚訝地發現居然有這麼多的企業老闆包括一些大公司的主管會給他們公司的圖書館訂購這樣的書。

現在，進步的老闆們意識到他的工人越了解經濟越好。如今明智的老闆更寧願和文明的工人打交道，而不是無知的工人。

當我經過紐約的某協會時，看到很多人剛剛上完課走出來。他們中有幾個人看上去十分地聰明，但大多數人則正相反，顯得很愚鈍。我無法想像他們會為自己的工作而感到驕傲，他們並不具備諸如寬大的肩膀、挺拔的身姿、獨斷獨行的個性、健康的膚色 —— 這是美國工人的典型特徵。

　　我從他們身邊走過，一想到這些工人沒有體會到工作所帶來的尊嚴就感到十分難過。如果他們真正領會了工作的意義，能夠勤奮做事，能夠調動自身的積極性，他們就會獲得榮譽，會獲得力量，會擁有具有創造性的生產能力，榮升到真正有用的位置上。毫無疑問，這所協會教育他們如何反抗現存的財富分配制度，卻盲目地忽視了要教育他們該如何透過勞動和汗水去創造財富。

　　越來越多的企業都在盡職盡責地想辦法企圖解決這個問題——如何讓勞資雙方更好地互相理解。現在公司圖書館的數量是 12 年前的 100 倍。「員工代表權」的概念已廣泛流傳。為工人而設的夜校成倍增加。工廠鼓勵有抱負的年輕工人接受函授課程。關於商業、金融新聞的報紙期刊隨處可見。企業教育以這樣或那樣的方式得到了促進和發揚。

　　L・F・斯威夫特[039] 在和我討論企業教育發展時曾說過：「在我們的職涯中有一個鼓舞人心的現象就是老闆與員工的相互依賴性。站在工人的角度上，身為領導階層的我們從中學到了一些東西。同樣，我們也學會了如何用恰當的方式去向工人們解釋那些困擾他們的問題，也非常希望他們能夠接受這些解釋。」

　　從工人角度來看，我相信工人們已經不像從前那樣不信

---

[039]　斯威夫特公司總裁，斯威夫特公司是世界最大的包裝食品生產廠。

任他們的上級。現在他們知道他們的抱怨會有人傾聽，並且無論最後結果怎樣，上級會做出讓雙方都感到公平的決定。

這樣的情況是最近才發展出來的。在過去的幾年裡，勞資協商機制不斷發展壯大，而且發展得如此之好，我們希望它能永遠保持下去。然而直至今日，它還未受到關鍵性的檢驗，它是否可行，該繼續朝什麼方向發展，還沒有定論。

美國創造出的所有發明和機器都無法確保美國世界巨頭的位置。我們必須還要培養出世界上最好的、最聰明的、教育程度最高的工人才行。

> 如果你不再相信別人，說明你已經不值得別人信任你。
> 將好計畫付諸實施，多晚都不算晚。

成功的銷售人員如何拿到訂單

　　銷售人員經常會感到沮喪，電話一個接一個地打卻沒有訂單，希望一個一個地落空。

　　一個朋友曾告訴我一名美國最成功的推銷人員是如何工作的。他說：

　　「這個人詳細地記錄幾年來他打的所有電話。」

　　「他的收入逐漸地增加，現在每年都能賺到一大筆錢。」

　　「在年末的時候，他把他的收入加在一起然後除以他打過的所有電話數，然後告訴自己這就是每個電話給他帶來的財富。」

　　「他在一年新開始時，就堅信這一年的收入將會由他打多少電話來決定，他並不期待每個電話都會獲得一份訂單。如果他一天之內打了十個電話卻連一個希望都沒有，他並不會悲觀地對自己說這一天白過了。相反，他會估計今天的收入將是去年每個電話帶來的財富再乘以十。」

　　「透過這種心態，他總能充滿自信和勇氣地開始每一個早晨。別人的拒絕並不會使他感到不安，他認為開朗樂觀的性格是他的一筆無價的財富，幫助他不斷地提高業績。」

科學家告訴我們，物體改變了，但組成物體的每一個粒子都不會被破壞，它們只是改變了形式。

同樣地，如果銷售人員堅信沒有一個電話是白打的，這難道不會使他們振作起來嗎？

重要的是，這種計算收入的方法難道不是很明智的嗎？為什麼要認為如果客戶沒有簽下訂單，這次電話銷售就是徒勞的呢？赫伯特・弗雷斯海克現在是舊金山最重要的銀行家和金融家，他在年輕的時候就曾做過銷售人員。

我問他是如何取得這樣的成就的。他回答道：「當我被客戶從前門踢出去後，下一週我就會微笑著從後門再進來，我從未失去耐心和勇氣。一個人這週不買我推銷的產品，我就堅定地認為當我下週再來的時候他就會買。我一直有這樣的堅信，並且我總是抱著樂觀的態度，最終說服了很多現代人所謂的『抵制購物的人』。」

當然打電話是很有學問的。在打電話前要經過精心準備，包括收集潛在客戶的所有資訊和他的需求。要確信打電話既對買家有利也對銷售人員有利。並不能說一百次的登門拜訪推銷能收穫與一百次甚至五十次的電話同樣的業績。打電話本身的學問很多，電話之前要做好許多基礎的前置工作。

那麼在打電話之前需要投入多少時間、花費多少的心思

和努力呢？這取決於你期待這個電話能創造多少價值。要想獲得銷售額更大的訂單，前置工作就應該更多。

即便如此，任何行業的銷售人員都會有許多次徒勞無功、空手而回的經歷。同樣，高度用心的電話打得越多，這一年的銷售量就會越大，這也是事實。

牢牢記住，人們不會認為一個誠懇的電話會是無價值的電話。試著用上文提到的那種統計方法，不要認為任何一天的工作是白費的。

「Nil Desperandum （拉丁語）── 永不絕望」，對於眾多有野心的銷售人員來說是句絕妙的座右銘。

> 如果不能用某種方法完成一件事，就再換另一種方法去做。
>
> 今天盡全力去贏得掌聲，明天有的是時間去休息、去回味輝煌。
>
> 人一定要有遠見，但首先要注意眼前的這一步，然後再下一步，再下一步。

激勵比調薪更重要

有一條基本的人生哲學，那就是如果人沒有得到別人的尊重，他就不會真正的高興。我們每個人都想得到別人的認可。

如果每個主管能夠意識到這一個基本事實並願意開始行動，許多人都會在管理上取得更大的成功。我們每個人的內心都是一個自我、一個個體，都有一種個性、一個靈魂、一種自我意識，這一切讓我們成為獨特的個體存在。這種自我和自我意識才構成真實的自我。如果想和別人成功地打交道，那麼一定不能忘記每個人都擁有自我並受自我的約束。

不只一個工人曾向我說過，一句鼓勵、肯定的話比調薪更讓他感到高興。一句讚賞的話通常會發揮其他方式無法達到的效果。

普爾曼公司就做了些值得所有老闆注意的事情。這家公司曾以一個英勇的芝加哥行李搬運工奧斯卡·J·丹尼爾斯的名字命名一節火車車廂。並且，公司還以公司股票作為獎勵，發給了一名售票員和四名同樣展示了非凡勇氣的搬運工，透過這種方式表達了對這些人的認可。事情的經過是這樣的：

　　搭載著德裔美國人的遊覽列車從芝加哥駛往紐約，途中，在接近洛克波特的地方發生了災難。當時 N·J· 丹尼爾斯和一個乘客坐在第一節車廂的後部。當火車車頭和車廂脫軌並停下來的時候，這節車廂停在靠近火車頭的地方。火車頭噴著炙熱的蒸汽，車廂的前門突然打開，蒸汽一湧而入。由於恐慌和痛苦，乘客們都尖叫起來。被甩倒在地的丹尼爾斯一躍而起，頂著蒸汽關上了門。他成功了，卻因公殉職了。當救援人員進入車廂時，他本來還活著，和別的受傷者躺在一起，他拒絕第一個接受治療：「先去照顧那個小女孩。」他指指旁邊一個 7 歲的孩子。醫生聽從了。當醫生們回到這個搬運工身旁時，死神已經奪去了他的生命。

　　很少有主管們詳細地制訂計畫，規定如何獎勵可敬的工人們，很多的主管們忘記了每個工人都跟他們一樣，都是有靈魂的人。他們沒有意識到每個工人都有自我，而這種自我僅僅用錢是很難滿足的。

　　普爾曼公司的做法不是更能激發員工的忠心和英勇嗎？

提高銷售人員和信貸部經理的重要性

企業的董事長和董事們應該認真地考慮一下這個問題：

現代商業越來越重視銷售和信用。二十年前，甚至十年前，銷售經理還只是個小職位，信用部經理在公司的位置也很低，僅僅稍高於普通職員和出納。

如今，在很多行業中，商品銷售比生產更難，所以最高的薪水應該用來聘任一流的銷售經理。現在信貸大量地出現在大多數的商業行為中，董事長和董事們應該不遺餘力，不惜代價地培養出最有能力、最全面的信貸部門。

在絕大多數企業中，銷售經理和信貸經理應該與副董事長同等級。實際上，在很多情況中，銷售經理的權力僅次於董事長。

今天聘任二流的銷售經理和二流的信貸經理，在未來就是最劣等的投資。

藍領階層最需要什麼

藍領階層最需要什麼？

穩定的工作。

美國的橡膠製造商給我們樹立了一個很好的榜樣，就算在橡膠輪胎需求量很小的時期，他們還是盡可能地讓工人每個月都有工作做。

他們是如何做到的呢？

我在阿克倫城[040]找到了答案。它不像其他類似的企業那樣：在春夏時期大量地雇傭勞動力，然後在漫長的冬季解雇上千名工人。在阿克倫城的這些頂尖企業力求全年保持勞動力資源平衡。當國家整體商業情況多少有些蕭條時，橡膠製造商不會削減工人的人數，而是減少工作時數。

也許這是比較好的做法，他們在 12 月、1 月、2 月和 3 月這樣的蕭條月分也堅持生產輪胎，然後制定一個合理的財務計畫交給經銷商。這個財務計畫在業內被稱做：春季訂單。經銷商可以在春季之初訂購他們想要的輪胎或其他產

---

[040]　美國俄亥俄州北部城市。

品，這些產品冬天才能做好並運到他們手中，他們可以等到
5 月分再付貨款。

同時，生產商利用自己的財產再加上銀行借款等方法來
承擔財務壓力。

傑納勒爾橡膠輪胎公司的董事長威廉・奧尼爾曾對我說
過：「在過去的四年中，我們企業每個星期生產量的平均都
高達 90％。」他接著說道：「你每天付給工人多少錢並不重
要，重要的是他一年能賺多少錢。畢竟在這一年中他每個月
都要交房租，每天都要吃飯。」

讓工人們全年都有穩定的工作，這個問題對每個企業都
很重要，因此這個成功的方法應該引起其他業界老闆和工人
們的注意。奧尼爾先生說：「對於一個生產商來說，頭等問
題就是要想辦法對付旺季和淡季所引起的銷售高峰和低谷。
管理人員的第一個責任就是要給工人們穩定的工作。」

「輪胎在春夏季節消耗得快，因為輪胎在炎熱的天氣中
磨損得更快。一般來說，輪胎經銷商在 4 ～ 7 月間的銷售量
是 12 月到 3 月期間的 3 倍。因此，在 1 月、2 月、3 月獲得
訂單，要求經銷商 5 月 30 日前付款，或最好是 4 月 10 日付
1/3，5 月 10 號付 1/3，6 月 10 號再付 1/3，這樣的方法使
工廠將貨品早早就擺上了經銷商的貨架上，為春季的銷售旺
季做好準備。」

　　「除了能夠排除季節性蕭條期，這種方法還能使製造商判斷出經銷商實際的需求。還會給予生產商更多的存貨空間，並且獲得來自於銀行方面更安全的信貸。對於經銷商來說，這樣做可以讓他們準備得更好，還省下了不少運費，因為他們不需要經由快遞送貨，這樣做還可以讓經銷商略早於旺季就開始銷售。經銷商受到保護，免受手上商品降價的影響。這麼做很合理，畢竟是工廠要求他們在實際需要之前購買產品。另外，就算是工廠自己囤積產品，等待春天旺季，也會導致同樣的損失。」

　　怪不得一位居民曾斷然地說：「阿克倫城是一座讓工人心安的城市。」

　　耶穌可以原諒許多人和事，但他卻不能原諒埋沒自己才能的人。

　　做個有價值的人，否則就會出局。

哪裡最適合建廠

居民們反對美國煉糖廠擴張它在布魯克林的廠區，因為廠區一旦擴張將不得不封閉三條街道。這一事件引發了一個重要的問題，將來大工廠應該建在哪裡？

從前，工廠都選擇建在大城市裡。

然而，情況正在改變。現在大多數的城市都可以吸引到所需的勞動力；在大多數城鎮裡，廉價的、充足的電力也都能得到供應；在許多地點都可以安置良好的交通設施；住房設施也不再是個難以克服的困難了，哪怕是要建立一個非常大型的工廠也不再是件難事。

在許多一線城市，交通堵塞現象是如此嚴重，以至工人們每天的上下班及物流都成了嚴重的困難。高額房租則是大城市的另一個缺陷。

從此以後，大型工業工廠不會再建在大都市裡，而是會靠近原物料的主要來源地或靠近重要的消費中心。

如何讓員工做出最好的業績

什麼樣的待遇能使工人做出最好的業績？

有個商人說：「在我們這行，原物料只占總成本的 8%。然而，很多企業的領袖花大量的時間試著將成本再降 0.5%，而不去研究如何讓工人做得更多更好。要知道，勞工占總成本的四分之三。」

據計算，勞工實際上占所有產業生產成本的一半。因此，與其將注意力放在節省配銷、出售或購買原物料上，不如將更多的注意力放在分析勞工成本，提高勞工效率和勞工忠誠度上。在勞工問題上我們有很多的文章可做。

然而，有多少企業像他們研究其他問題一樣，用心認真研究過如何讓員工做出更好的業績呢？

透過提高工人的忠誠度和工作熱情，生產效率能夠提高 10%～ 20%，總成本降低就意味著利益和股息的增加。

那麼，該如何對待工人才能取得這樣的結果呢？

戴爾克照明公司的工廠經理 —— 湯瑪斯 · B · 福德姆，在管理工人方面有著豐富的經驗，他對這個問題有著深入的研究，在給我的一封信中他這樣寫道：

你對待產業中人事關係的態度深深吸引了我。因此，我冒昧地給你寫信說說我的意見。

所有的成功都取決於個體的進取心和渴望。實現目標和希望要透過工作來實現。因為人們只有工作才能進步。任何人都要透過工作來維持生計、養家糊口。要想做好工作，他必須心情愉快。

在管理中，我們漸漸意識到，引導工人們去努力工作並不需要付出任何代價。原因很明顯，在壓抑的環境下工作，沒有人會開心。因此，部門的上司和領班應該充當引導工人的引導者，企業的高層也要介入其中，發揮一定的作用。

什麼是領袖？領袖就是別人願意效仿的人。為什麼別人願意效仿他？因為他們知道他會讓他們愉快並讓他們得到利益。

人們一年比一年更注意到工廠的部門領班的重要性。透過展開領班培訓課程及類似的活動來吸引領班對這個問題的興趣，主管們越來越顯示出他們對這個問題的關注。

我要補充的是，很多諸如此類的做法準備得並不是很好。大多數領班培訓課程都缺少終極目標。

讓我們看看領班是如何被挑選出來的。

他也許是部門中最好的工作者，可能做了一些對企業利益有傑出貢獻的事。他可能有某種「吸引力」，或者有其他

什麼原因使他當上領班。

　　他合適嗎？他能勝任嗎？他在哪裡學過做領班的基本原則？他從原來的工作中被挑選出來做了領班，在原來的工作中他只知道如何操縱材料、進行生產，但現在他必須要「操縱」別人、確保生產。他了解工作中的材料。但是，除非他具有非凡的領導才能和個性，否則他並不會了解工作中「人」的問題。

　　人性化管理不是指任何形式的廉價的惺惺作態，也與許多企業中存在的所謂的福利沒有任何關係。我堅信這個工廠的工人根本就不想要也不滿意這種家長式作風，在近幾年來，這種家長式管理在工業公司中以人事關係為偽裝正悄然成風。

　　我認為人對其工作環境的要求一般很少，但這些要求都是非常關鍵的。

　　第一個：合理的薪資。我所說的合理的薪資是指能讓他在所在社會維持標準生活品質的錢。

　　第二：合適的工作場地，也就是說，清潔、整齊和從社會關係的角度上，讓人滿意的工作環境。

　　第三：為優秀的人工作，領班具有領袖風範。

　　第四：穩定的工作。如今許多產業都受季節制約。這一情況通常會導致員工們對工作感到焦慮和冷淡，從而造成非常不利的生產和精神蕭條期。

第五：有自我提升的機會。每個人都想要向上發展。這不一定是指更多的薪資，可能是指改善過的廠區環境、改善過的生活水準、改善過的社會環境等等。

關注「人事關係」的企業如果將注意力放在這一議題上將會找到令人滿意的答案。

還有另外兩個同樣重要的問題需要考慮：

第一：當雇傭一名新員工時，要使他意識到本企業的價值。通常人們會花很多錢向大眾宣傳公司的名號和產品，雖然大眾對此並不十分感興趣。但很少有公司向其員工展示公司名號和產品。公司應該激起新員工的興趣和自豪感，並讓他保持這種興趣和自豪感。

第二：要盡全力保證工人的健康，這跟維護機器一樣重要。

這封信聽起來不是非常合理並具有實際意義嗎？

記得，最偉大的建築也要一磚一瓦蓋起。

許多「商業會議」永遠不會達成一致意見。

盡量在地球上創造一個人間天堂，這樣你就不需要去別的地方了。

成功經常是透過非凡的努力而獲得的，而不是透過非凡的頭腦。

我為什麼差點丟了第一份工作

我差點就丟了我在紐約的第一份工作。其實那並不是什麼正式的工作，它一週只能帶給我 15 美元的薪水。在這之前，我能賺到比這多三四倍的錢。

這件事並不是我的錯，而是我上司的錯。

我在其他地方做過新聞記者和編輯，那裡的上司告訴我說，應該在手稿中縮寫所有常見詞彙。來到這裡以後，我一直認為美國記者應該是最聰明的，所以認定他們也是將詞彙縮寫而不必費力地完整拼寫「這個」、「那個」、「哪個」、「和」等等此類簡單的詞彙。這樣，我交上了一份我認為可以接受的手稿。

10 天後我才發現我的手稿被人複查過而且每個縮寫的單詞都改寫完整了。直到這件事過去了很久，我的上司才告訴我，在第一週的時候他就想辭退我，因為我的手稿需要太多的修改。

很多關心員工來去的人都說過這件事。我相信經過仔細的調查大家會發現，公司的人員變動大多數都發生在新員工身上。以我個人的經驗和觀察來看，通常能夠待滿一個月的

試用員工就有可能成為正式員工，但是很多新來的人才做幾天或兩三週就離開了。

造成這種情況通常既有企業的問題，也有員工自身的問題。那些已經完全熟悉了工作程序的人通常沒能意識到對新來的人來說，這是全新的、複雜的、困難的工作。因此，他們不想費勁去向新人們解釋清楚，一次都沒有，更不用說多次解釋，直到員工們清楚每件事為止。

接受這個建議，就會發現員工流動率將銳減。

> 帶著有色眼鏡看人，是不會對事物有公正評價的。
>
> 如果不願對困難和障礙妥協，就要想辦法除掉它。
>
> 凡事事先就應意識到，如果起步錯誤，無論多努力都注定會失敗。
>
> 如果你不是全心全意地對待你的工作、休閒活動和愛情；如果你不能全心全意地去做事、去思考、去表達，那麼你生命的意義只有一半。

區分福利等級

一家大型公司成功地解決了提高員工忠誠度和使員工長期服務等重要的問題。它發現了一個令人滿意的獎勵方法。這個方法就是透過假期分級、保險分級政策，特別是提供分級福利給那些長期在公司工作的員工，事實上就是提供終生養老金的方法來獎勵忠誠的員工。

既然說大部分的老闆都不同程度地面臨勞動力問題，而且他們中的很多人真心地想找到可以讓他們的員工接受的方法，最好是不要花太多錢的方法，那麼概括一下這個計畫的主要特徵可能對這些人有用。

首先，公司對待工人們一定要有正確的態度，加利福尼亞的太平洋互利人壽保險公司對待員工的態度可以從他們的董事長喬治·I·科克蘭的講話中略見一斑：「我並不認為我們的公司是一個營利性企業，我們的公司是一個以慈善為目的的機構，我們保護、拯救那些相關的人，並給予他們良好的服務。作為這樣的一個機構，我們應該擁有別的機構無法超越的好名聲。這一直是我們的目標。另一件我們正努力做好的事就是做一個堅決擁護總部公司（洛杉磯）的子公司，在

這個子公司裡，每個員工都應團結在一起，快樂地工作。」

我們先來看看它的退休福利政策：員工為自身投保的保險金總額為薪資的 2%，在這 2% 中，公司會支付 81% 到 83%。下面就是公司福利分配情況表：

在職年數	所占薪資比例	
	75%	50%
第 2 年	無	3個月
第 3 年	3個月	0個月
第 4 年	3個月	3個月
第 5 年	3個月	3個月
第 6 年	4個月	15個月
第 7 年	4個月	21個月
第 8 年	5個月	27個月
第 9 年	5個月	33個月
第 10 年	6個月	39個月
第 11 年	6個月	45個月
第 12 年	7個月	52個月
第 13 年	7個月	59個月
第 14 年	8個月	66個月
第 15 年	8個月	73個月

第 16 年	9個月	80 個月
第 17 年	9個月	88 個月
第 18 年	10 個月	96 個月
第 19 年	10 個月	104 個月
第 20 年	11 個月	112 個月
第 21 年	12 個月	120 個月

　　占 50%福利的基礎項，會一直到 180 個月（15 年）。

　　只要工作 3 年以上，每個員工都能獲得公司所提供的最有價值的福利之一：人壽保險。公司為員工的人壽保險支付了大部分的保險金。對於那些工作年分長的員工，公司所付的保險金將高達 90%。公司這樣解釋道：「對於員工的嘉獎依賴於兩個因素 —— 薪資和年資。」較高職位的員工薪資自然會提高，但在年資薪水方面，則一視同仁，沒有任何歧視，工作時間越長，年資薪水越高。這是因為管理層渴望鼓勵表現良好的員工能夠繼續留在公司裡。

　　下面的休假計畫是針對那些工作年資在 3 年及以上的員工制訂的。

年份

3年	兩週，兩天機動
5年到 10 年	兩週，三天機動

10 年到 15 年	兩週，四天機動
15 年到 20 年	三週
20 年或者更多	四週

在總部管理委員會和部門經理的輔助下，董事長親自「研究所有人的薪資，並做出合適的調整」。只要是合適的，總會有人從基層被提拔上來。

除此之外，公司還提供免費的午餐、免費體檢、眼睛和牙齒的護理、銷售課程及組織各式各樣的俱樂部。

所有這一切福利都寫在一本名為「員工指南」的小冊子裡。我可以肯定地說，每個對此感興趣的老闆，只要寫信給科克蘭先生，就可以得到一本。

幽默感就像是陽光，溫暖了自己也溫暖了所有它照耀的人。

要想著不久以後自己能坐上貨車，現在就要使勁去拉貨車。

一定要記住，你的權力不能僭越別人的權力。

所有一切努力都可以歸納為四個字：自我提升。

去征服，否則就會被征服。

態度決定晉升

有個人現任一家企業主管，他之所以得到晉升，部分原因是因為他對待別家企業的銷售人員態度很友好，而企業本身的採購部門根本不聽銷售人員說些什麼就對他們說「不」。

為什麼買主現在變得態度惡劣？為什麼當他們做銷售時是體諒他人的、彬彬有理的紳士，成買主時卻變成了粗鄙的暴君？為什麼拒絕銷售人員比有禮貌地接見銷售人員能帶給他們更多的樂趣？

他們是不是有這樣的錯誤想法，認為自己在給予別人恩惠，但事實上他們只是在做本職工作。他們的工作就是去見盡可能多的銷售人員，以便為他們的企業購買到合適的產品。

一位作者出版了一本書，介紹 E‧G‧別耶區勒的發跡史。E‧G‧別耶區勒在 38 歲榮升為弗瑞吉戴爾公司的總裁，他說過一句話：「當我做採購人員時，我總是盡力去見每一個登門拜訪的銷售人員。我現在仍然保持這個習慣，盡可能會見每一個拜訪的人。」

這本書也激起芝加哥公司的一位總裁的寫作熱情，他寫

下了關於別耶區勒先生的其他事，並給我寫了封信。信中除了引用剛才的那段話，還寫道：「在我看來，這是一個非常重要的商業原則，這個原則，大人物也許非常看重，但那些沒什麼領導才能的人卻常常忽視。這件事觸動了我記憶中的某種共鳴，因為我曾十分關注這個問題。」

「那時，我在一家大型製造公司做事。在這個企業中，有一件事比其他任何事都讓我感到氣憤，那就是每個入口處懸掛的一個告示，上面寫著『沒有預約，銷售人員或募捐者不得入內』。」

「我們公司位於一條公路的末端，離城市大概有 10 英里，所以我經常為那些倒楣的人感到抱歉，他們通常不知道公司有這樣的規定，千里迢迢地來到我們公司，卻被這樣的告示拒之門外。」

「此外，我認為這樣做使我們失去了很多人氣，結果就是失去了生意。」

「最後，我當上了總裁助理，我做的第一件事就是撕掉了那張告示，我告訴每個部門，包括採購部，說如果你們沒有時間會見這些人，我有時間。」

「所有人似乎都把我的話當成玩笑。他們不斷地將一群群的銷售人員送到我辦公室裡，以至很多時候我白天忙著會見他們，只能在晚上做我的日常工作。但我卻一直堅持著，

並盡可能地與他們交朋友，甚至有時當我覺得他們能提供些有特殊價值的東西時，我會給其他製造公司打電話將他們引薦過去。」

「如果來的是很年輕的銷售人員或第一次到我們部門的人，我就盡力給他們一個小訂單。如果不可能，我也會給他們公司寫封信，解釋下我為什麼沒有從他們那裡買東西。而且，如果他們當中有正好中午來的，我通常會邀請他們在我們的俱樂部會所裡共進午餐。」

「結果就是，由於獲得許多銷售資訊和人氣，公司不僅貿易量明顯大幅度增長，還因為銷售人員的信任，很多的銷售公司都成為了我們的顧客。同時我們的生產效率還大大增長了。例如，有臺改良的機械設備，我們以前一直忽視它的存在，沒有使用它，後來我們工廠一裝上這個裝置，就極大地削減了生產成本。」

我們雖說不是採購人員，但這對我們來說不也是極好的一課嗎？這一課說的就是，在任何情況下，對人禮貌都會有好報。

有些人一路打拚到高層。他們認為只有強硬的方式才能達到目的。他們好鬥，喜歡對抗。他們將商場看成戰場，認為任何事情都可能發生。

　　美國造就了很多這樣的領導人 —— 在鐵路業、財政界、採礦業、製造業、銷售業等，這樣的領導人屢見不鮮。如果說這種時代已經一去不復返，似乎有些誇張，但如果說這種領導人已經不多見了，則並不是誇大其辭。合作正逐步取代無情的競爭。

　　善於調和、協調的美國外交型領袖典範非歐文‧D‧揚莫屬。正是因為他具有這些特質，首先吸引了當時任奇異公司總裁的 C‧A‧科芬的注意。身為斯通和韋伯斯特公司的法律代表，揚先生因為其能夠處理複雜紛爭事物的能力而嶄露頭角。他協調能力非凡，能夠調和利益衝突雙方最尖銳的分歧，而且不冒犯任何一方。正是運用歐文‧D‧揚這種能力才使得道斯計畫能夠草擬出來並獲得接受。也正是在他的辦公室，1927 年那場不愉快的固特異訴訟案得以庭外和解。

　　這就提出了一個問題：成功是透過對抗獲得還是透過和解獲得？

　　毫無疑問，不同的人會有不同的結論。有一次，當有人建議 E‧H‧格林不要採用那麼強硬的方法來達到目的時，他回答說：「你很可能是對的，但我只用我的方式來做。」

　　也許他說的話是上述問題的唯一答案。但是，如果我們都在可能的情況下，優先採取調和的方法而非對抗的方法解決問題，我們的商界不就能變得更理想了嗎？

捍衛自尊是為了保持動力。

想要有好胃口,要先滿懷熱情地投入工作。

說謊讓記憶背上重負,講實話才能減輕負擔。

高額報銷單阻礙了很多銷售人員的晉升之路。

走訪得越勤,銷售業績越高。

總裁如何贏得員工的好感

　　每一個企業，如果他的總裁足夠明智，都會試圖贏得大眾的好感。如果沒有大眾的好感，沒有一個企業能夠永遠成功。

　　在這一章末尾處，你會找到一些摘自某些手稿的建議。這些手稿都是為了參加「富比士」關於「如何發展和維護公共事業與社區之間的良好關係」的競賽而寫的。雖然這些文章主要是針對公共事業，但有些中肯的建議同樣適用於其他行業。

　　我曾經問查爾斯‧M‧施瓦布，在戰爭時期，他激起了全國工人的造船熱情，他是怎樣贏得工人的忠誠的？「因為我在乎他們，因為我感覺自己也是他們之中的一員，我是在這裡感覺到的。」他一邊說一邊拍拍他的胸脯。

　　要想贏得大眾的好感，首先總裁們就要對大眾有好感。他們的心先要擺正。如今，要想成功地經營一家大型企業，光有頭腦不行，還要用心。

　　公共事業經理遵循這個方針路線已經取得了進步：現在大多數公共事業公司從大眾那裡獲得了更公正的待遇。

　　同樣，以前大眾針對國家和地方性公用事業領導人的抱怨現在也明顯平息了很多。

如下是這些建議：

讓員工們意識到公司的行為將會受到大眾評價。

讓員工們知道他們所得到的利益是源於有魄力的、進步的管理。

挑選既有眼力又有能力的人做主管。

正如一個人會評估他要購買股票的公司，一個公司的好壞也會因為其持有人遭到別人的評價。

如果遇到麻煩，告訴大眾事情經過 —— 要說出事實真相，並且要不斷重複，以免大眾忘記。

打廣告時，一次只強調一個特點。

出售貨物時，要打廣告，出售服務也要打廣告。

要直截了當、堅持不懈、持之以恆地努力爭取人氣，間斷性的努力不會成功的。

無論什麼時候，要是企業的業務中斷了，要立刻告訴大眾原因。

你的收入獲得提高、得到晉升，要記得有大眾的功勞。

不要輕易做出承諾，除非你確定一定會實現這個諾言。

把出納員從籠子似的小房間裡解放出來，取消所有折磨人的工作。

如果錯誤發生，勇於承認，然後盡一切可能去改正。

既要有想法，又要有理想。

在日常事務上，給予下屬權力，這樣會激發他們的工作熱情。

歡迎批評和建議。

出版公司內部刊物。

正如員工要對自己的企業忠誠，企業也要對社會負責。

要人性化，不要機械化。

鼓勵企業中每個員工、社區中每一戶成為你公司的小股東。

成立一個市場調查機構，任命一些心胸寬大的人去處理大眾的投訴。

對於金額突然大增或減少的帳單，不要立即寄出，要先核實、然後調查原因。

避免政治操縱。

要使用家長式管理。

建立一個家政服務中心，講授所有家用電器的使用方法。

調查顧客對你們服務的看法，顧客的抱怨對公司來說是危險的，試著改變他們的態度。

及時了解你的領域的最新動態 —— 並與大眾分享由此所獲的靈感。

培訓電話接線員和店員，這樣凡是可以用電話辦理的業務就可以迅速、禮貌地完成。

你採用的方法一定要是你希望下屬使用的方法。

從你的員工中提拔一些發言人，他們能更有效地說明事情經過。

要對行政事務感興趣，也要鼓勵你的員工這樣做，行政機構通常是抱怨的滋生之地。

先將公司兜售給員工。然後培訓員工，教他們如何將公司兜售給消費者。

挑選或培訓員工，讓他們能夠各適其職。

廢除公司內部的多餘消耗。

對員工盡可能人性化地對待，對社區也要這樣做。

設立一個鼓勵節儉的部門。

獎勵值得嘉獎的工作。

做一名商人 —— 這很重要。

不要等到你有麻煩的時候才想著去爭取大眾的好感。

對公民的誠實和好意要有持久的信心。

公正。

最重要的是，要從你為世界所做的事中找到幸福，這樣你的幸福感就會傳遞給每一個在人生之路上與你擦肩而過的人。

凡是身外之物都不是真正的財富。
最好的動力是拉力。

成就感推動業績上升

賓夕凡尼亞鐵路公司把在臥車上工作的乘務員的名字寫在了菜單上，這樣要吃飯的人就可以直接叫他們的姓名，而不是管每個人都叫「喬治」。同樣，也給貨運火車起了名字，通常是以貨車工作人員的名字命名的。艾利鐵路公司和一兩個其他鐵路公司也將工程師的名字寫在了發動機的顯著位置上，以此來獎勵他們傑出的工作。

拉科瓦納鐵路公司一直致力於提高與員工的關係。公司人事部經理，愛德溫‧F‧戴利評價這麼做的效果：

「員工們工作熱情高漲，並對我們提供的工作條件更加滿意。在機械部門，勞工流動率在 18 個月內從 101％降至 36％，這也給公司一年節省了超過 25 萬美元的遣散費。曠工頻率也減少了近 80％，受傷數字也削減了 40％，其結果就是公司和工人的雙贏，而且產量增長了 102％。」

伯利恆鋼鐵公司給一位在西維吉尼亞工作的煤礦工人頒發了一枚金質獎章，因為他在他的煤礦贏得了鏟煤比賽的冠軍頭銜。同樣的獎章也頒給了另一個煤礦的冠軍：威爾‧米勒‧多貝爾，他用一把鐵鍬在 12 個工作日內裝載了 538 噸

煤。專家們稱這是個不可思議的紀錄。難道工人冠軍不應該與其他比賽冠軍選手和冠軍運動員們一樣授予榮譽嗎？我非常樂意觀看兩個鏟煤工或兩個砌磚工之間的冠軍賽，正如我願意觀看兩個游泳運動員或兩個高爾夫球員的冠軍賽一樣。我相信這一天很快就會到來，那時人們對工人冠軍賽的興趣將會和對待冠軍選手比賽的興趣一樣濃厚。

最偉大的商人是那些培養他人，使他人也變得偉大的人。

要先在自己面前立個靶子，否則如何期待自己能射中靶心？

正是小人物才總覺得自己大材小用。

「如果一匹馬不喜歡你，你就無法馴服它。」一個有名的動物培訓師曾經這樣說過。主管們，請留心這句話。

員工應該追隨老闆嗎

藍領階層現在站在誰的一邊？老闆的那一邊還是工會的那一邊？

一場在全國範圍內爭取忠實職員的競賽正在進行中。這場競賽非常重要，因為這場競賽是在沒有嘈雜、干擾和騷動的環境下悄悄進行的。

這場競賽是由一些精明的老闆發起的，而美國勞工聯盟正計劃著一場反攻。

來讀讀這篇《紐約時報》的社論：

格林主席針對美國勞工聯盟進行了一次公司工會調查。他認為現在完全可以 把「公司內部」的勞工組織形容為「一種隱蔽的、暗中的攻擊形式」和「主要威脅」。他沒有指明這種威脅是針對美國所有勞工的威脅還是僅僅針對美國勞工聯盟的威脅。現在資本主義已經發展出一套新的策略，資本家不再與工會直接對立，工會成員不再是老闆硬性指定，而是透過員工自己推選而成立，試圖「滿足工人組織的本能」。

當面對問題時，人們就會說，如果公司工會取得了快速

的進展，它的成員很可能認為這對他們自己也不是毫無益處的。美國工人一直在工人市場上出售自己的服務而不是在老闆的市場上。如果他們一直贊同公司工會的想法，也可以說他們這樣做不是迫於壓力，而是出於自己的選擇。

人們發現他們會從自己所相信的事情中受益良多。老闆與工會的對抗結果最終將由工人來決定，看工人是認為他們會從忠心跟隨老闆獲益更多，還是不跟老闆談和而是聽從工會領導獲益更多。

二十年前，勝利的機會通常都是屬於工會的，因為在當時，不是很多老闆會充分考慮工人的最大利益。但是，現在情況已經發生了改變。當然，有些企業為了爭取員工而採取某些折中措施，其行為更多地受到遏制工會這種念頭的驅使，而不是希望透過為工人謀福利而爭取更多工人的忠心。儘管這樣，依我來看，如今大多數的主管都努力地改善這種狀況，來提高工人的生活條件，提高工人的工作條件。

身為局外人，我們很難弄清到底是美國勞工聯盟能給工人提供更好的領導，還是公正的老闆能給予更大的指引。1927 年，英國商業工會會員代表團來到美國，他們發現這裡的工人很滿意於他們的工作，也滿意於他們的薪資和他們的老闆。每個工人，雖然不是工會會員，都對能成為工會成員而表現出極大的熱情。事實上，這些參觀的英國工人們非

常驚訝地發現，美國有如此多的工會，並且受到工人們很高的評價。最讓他們印象深刻的是，各種報告都表明透過論件計酬工作所賺的薪水從未因為工人們能賺到較多而被刻意地調低。

近年，為了贏得工人們的友誼和改善他們的條件，企業老闆做了如此多的事情，以至這一舉動的廣度、深度和範圍，大多數人並未完全意識到。例如，現在有幾百萬工人都擁有公司的股份或正要成為股東，透過十分優惠的條款，他們每週或每月都能由此而得到報酬。這樣他們手頭擁有的幾百萬美元的總投資就變成了上億美元。

現在許多公司也開始支付工人額外的紅利。

在許多大型的工廠裡，已經不再由管理人員規定薪資和工作時數了。通常委員會或相關團體是由一半工人代表、一半管理人員構成，大家一起處理類似的問題。

工人在工作一段時間後達到一定年齡，公司將支付養老金，這種做法如今在美國非常普遍。

公司集體保險金的金額高達數十億美元。光是都市人壽保險公司在 1927 年底簽的這類保險金的數額就高於 1.75 億美元。這些集體保險金都是為工人及其家人所投的保險。在大多數的情況下，公司通常會承擔所有工人的財務負擔，在個別情況下，公司至少也會支付一半。

工人享受夏季的帶薪假期也開始變成一種風尚，而且正變得越來越普遍。

簡單而且有利潤的理財計畫也被大量引用。有些公司員工每一美元的存款就可以獲得 50 美分的利潤。

有些企業還與員工合作，共建他們美好的家園。

鑑於這一切，鑑於這些開明老闆們體諒員工的態度，很難得出如下結論：憑美國勞工聯盟這樣盲目阻礙的態度就能加強對其新成員的控制和吸引。我們暫且認為大多數老闆現在這樣對待員工的根本動機是因為私利，是出於文明的自私，而不是出於絕對的利他主義。但是，至少他們都知道要想達到目標，就必須公平地對待工人，給他們高的薪資，好的工作條件和合理的工作時間。

勞工領袖能承諾更多的東西嗎？

心煩是因為你不稱職

我坐著一輛美國知名列車旅行時，去餐車用餐。那個時候餐車很擁擠。乘務員主管大聲地對我說：「你前面還有六個人。」我等了一會兒，然後很禮貌地問他是否能告訴我，還需要多久才能有空位。他皺著眉頭，一把搶過一個服務生遞給他的帳單，轉身匆匆走開了。

我第二次禮貌的詢問，得到的是一個簡略的回答。等他不那麼忙的時候，我問他，我是否可以在包廂裡用餐。在他給另一個服務生找了錢之後，他嘟囔了一句，我認為意思是說可以。我自己找了一張菜單，在上面標出我想點的菜。又是等他不太忙的時候，我問他是把這張菜單給他，還是讓車廂服務員送過去。當他再次把我丟在一邊，去應付另一個服務生時，我表示了抗議。

他嚴厲地說：「你難道看不出來我很忙嗎？」

我表示在他再次將我撇在一邊而去注意其他服務生之前，應該給我一個禮貌的回答。我將菜單扔下，絕望地放棄了。

過了一會兒，他來向我道歉。他解釋說，他太忙了，變

213

得心煩意亂，所以就沒有意識到他表現得有多麼失禮。我讓他放心，我不會再提這個事了。

　　依我的觀察來看，通常心煩都是因為不稱職。能夠駕馭其工作的人通常會保持冷靜。他知道如何應付出現的各種情況，並能心平氣和地完成工作。

　　好好控制你的情緒，好好控制你的工作。

想要不受紀律的約束，就先自律。

努力，但不要強求。

一時衝動所做的事情通常是不合時宜的。

憑自己喜好做事的人很少讓別人滿意。

完全依靠碰運氣，永遠不會到達期待的高度。

想引導別人，一定要點亮知識的燈，把一切看清楚。

老闆更喜歡「自負」的人

「我不認為我知道一切，但我有足夠的自負能成功。」

這句話是一位商人在他三十多歲的時候說的，那時他就已經取得了令人矚目的成就，雖然他前進的道路充滿了困難。

他所謂的自負其實是指自信，這種自信源於他對其行業各個方面徹底的了解。他學過化學，學過工程，學過會計，學過銷售，而且他還有在這些行業工作過的實踐經驗。他和一位銀行家談話時，他感到他對其公司的財務知道的比這位銀行家還要多。當他準備簽訂一些大筆合約時，他認為他能夠用合理的邏輯而不是空話來說服潛在客戶跟他做生意。

一個人需要多少「自負」呢？

在生意場上，羞怯的人賺不到錢。老闆們更喜歡那些有自信的、有說服力的、積極向上的人，喜歡那些了解自己的工作，並清楚意識到這點的人。

徹底廢除 7 天工作日

在鐵路業和其他許多行業，一週工作 7 天，一年工作 365 天的情況依然存在。這根本就是不合常理的。

人不是為了工作而存在，工作是為了人類而存在。生產東西固然重要，但學會做人更重要。如果我們一週工作 7 天，一年工作 365 天，我們就不能成為健康的人，不能成為好的家長，也不能成為好的公民。光工作不休息是不可能的事，是自然界的規律不允許的。

勞動部部長大衛斯，為表達對〈重拳打擊一週 7 天工作日，一年工作 365 天工作制度〉這一文章的欣賞，寫了一封信，真誠地希望能引起美國每一個一週工作 7 天的員工們的注意：

「也許在最後總結的時候，我們不僅要為自己變成什麼樣負責，還要為使別人變成了什麼樣而負一部分責任。希望在如今這樣進步的社會，不要再聽到以前在工人階級中流傳的歌謠：

幾個世紀的重擔壓彎了他們的脊梁，

拄著鋤頭，凝視著土壤，

歲月的虛無刻在他們臉上，

世界的重負壓在他們的背上。

是誰讓他們不再有喜悅和絕望，

變得沒有悲傷也不存希望，

神經麻木，面無表情，

難道和牛一樣？」

到底是誰竭盡全力或是不經意地把工人變成了和牛一樣？正是那些讓工人們每天都工作，每個星期日都工作，每個假日都工作的老闆們造成的。這種工作制度是非美國式的，只有當某一天老闆們自願取消，才能真正在法律層面上取消。

沒有正確處理的事情就不能算是處理了。如果說一週工作 7 天，一年工作 365 天的制度是不正確的，這些不到出大事就無動於衷的老闆們到底算是有遠見呢還是目光短淺？

如果賺錢養家的男人連一天都抽不出來去陪伴他們的孩子和孩子的母親，正常、健康、幸福的家庭生活是無法持續下去的。

凡是會以同理心對待他人的人，凡是認為在這片自由光輝的土地上，一個強壯、勤勉的公民應該一週工作 6 天從而能有正常生活的人，都會認為那些對一週 7 天工作日制度態度冷漠的鐵路經理和老闆們不僅僅是些目光極其短淺的人，而且該受到懲罰。規劃商業規範的政治家們應堅持不懈地想辦法除掉這種道德上的犯罪，而且是在它被認定為犯罪之前就解決掉。

拋棄工作時程表，講效率也要講人性

是不是忙碌的人就該為每天的活動都做好計畫呢？每一天的每一分鐘每一小時都應該有個固定的時間表？

還是應該刻意留出些時間給那些偶然拜訪的人或不可預料的事件？

哪種方式能收穫更好的結果？

「米切爾先生是我所認識的人中最浪費時間的人，然而他卻完成了大量的工作。」悉尼‧Ｚ‧米切爾的助手這樣評論道。米切爾是電子證券股票公司的總裁，對許多公用事業企業都感興趣。

「如果有一個讓他感興趣的人出現，他會與他交談半個小時甚至一個小時，也不管有多少急事等他去處理。這使他經常趕不上他的工作進度表，他不在乎一直工作到半夜。事實上，對他來說工作到半夜是家常便飯，而不是別人下班他也下班。幾個小時的加班對他來說根本不算什麼。我了解他這一點，是在一次視察過程中發現的。他早晨４點半就開始工作，直到每個跟他一起工作的人都要累倒了，他還在工作。」

　　米切爾實際上是拒絕按照死板的工作時程表工作的人，但他卻比其他在公共事業領域工作的人能完成更多建設性的工作。而且全美國，也沒有人比他更會享受生活。

　　許多人拒絕見沒有預約的人，逐字逐句地遵循時程表上的安排。他們就像是一部井然有序的機器。訪問他們的人通常都被祕書告知可以交談的時間，十分還是二十分。一到點，下個來訪者就被叫進辦公室。

　　現在來看，後者的方法似乎更有效、更有條理。這樣做可能會省下很多時間，可能更有序，可能會消除加班的情況，這樣做還會使那些堅持秩序、組織性和嚴格軍事化的人感到心安。

　　不得不承認，很多如此規劃時間的人取得了了不起的成就。

　　但據我觀察，這些人並不比那些不那麼機械化，也就是說更人性化的人從生活中獲得的更多。我注意到，除了一些例外，那些最成功的商人，也是最受歡迎的人，正是一些多多少少有些「浪費時間」的人，像米切爾那類的人。

　　順便插一句，通常這些人都是早早就起床工作，很晚才結束工作來彌補他們在上班時間所「浪費」的時間。他們之所以這麼做是為了向那些想要見他們的人表示出禮貌和體諒。

　　換句話說，他們願意使用自己的時間而不是上班時間來
使他們更平易近人、更友善、更熱忱。

　　誠然，做一個有效率的商人很重要，但做一個人性化的
人不也同樣重要嗎？

> 實現自己的人生目標會讓你在別人的心中留下位置嗎？會
> 使別人愛戴你嗎？會讓別人尊重你嗎？還是僅僅取悅了你
> 自己？如果是後者的話，你會發現就算這麼簡單的一個目
> 標，你也無法實現。
>
> 僅僅因為擁有大量物質就感到自豪，這反映出的是一個貧
> 瘠的靈魂。
>
> 影響別人，自己卻不要輕易受到別人影響，要有堅定的
> 信念。
>
> 沒有知識的狂熱就像是一群沒有指引的烏合之眾。

日程表上留出思考的時間

你會每天做計畫嗎？

如果回答是肯定的，你在你的排程中留有足夠的思考時間嗎？

「做生意太忙了，哪兒有時間思考啊？」只有花時間思考的人才能問出這麼個有趣的問題。

那麼，他們到底什麼時候有時間思考問題？或者說他們確實有大量的時間思考嗎？

我相信答案應該是這樣的：

也許大多數商人都不會在他的日程表上特意安排出安靜的思考時間。許多合理安排生活的人會在一週拿出一到兩個安靜的晚上用來閱讀或靜思，但還有許多商人每天、每週都被業務趕著走，無論什麼業務出現，他們都會即興地給出解決方案。

弗蘭克·A·範德利普擔任美國最大銀行的董事長，他的每一天都是由一個接一個的約會、一個接一個的會議組成。有一次我曾經問他，「你能找到時間思考嗎？」他回答我說：「你能想像得到，在銀行裡我根本沒有時間來思考，只有在家裡我才能靜思。」

　　鐵路奇才格林曾聲稱，他希望當他不經意拜訪某個部門主管時，會看到這個主管把腳放到桌子上，看起來無所事事的樣子。因為格林認為這個人是在花時間思考。

　　但是 10 個主管中有 9 個不會願意，甚至羞於被人看到坐在桌子旁看似清閒的樣子，難道不是這樣嗎？難道現在不是流行每一刻都讓人看到忙忙碌碌的樣子嗎？

　　上一次經濟大蕭條，一家大型企業遭到了重創，銀行家們不得不接手。因為急需一個重組計畫，這些銀行家們必須要集思廣益，在下次會議中提出一些建議或方案。

　　在之後的一次會議上，一位年輕的銀行家在聽完了那些老銀行家們空洞的發言後，站了起來，並勾勒出了一個完整的計畫。他首先為這個企業每一個階段的情況設計了一份藍圖，然後為解決每個問題做出了建議。他的計畫得到了大家的一致同意。

　　散會的時候，一位老銀行家對這位年輕人說，要是能夠讓他如此清楚地分析這麼複雜的一個問題，能夠想出如此全面的、有條理的解決方案，他會願意花 100 萬美金。

　　為什麼這個年輕的銀行家能夠做到，而其他老銀行家卻做不到呢？因為他每週會花 5 個晚上用來思考和學習。這個完整的重組計畫就是他花了很多晚上想出來的。

　　熔煉家族的領袖丹尼爾 · 古根海姆（Daniel Guggenheim）曾對我說：「一年 12 個月都在工作的人實際只工作了 6 個月。」他的意思就是說，身居要職的人一定要花些時間來放鬆身心。

我們難道不該時刻記得這樣一個事實，所有的成功都源於思索？不僅是成功，任何一件事情都是從大腦中的某個想法開始的。多年來弗蘭克・W・伍爾沃斯就一心希望、一心構思建造伍爾沃斯大樓。建立一家資產 10 億美金的鋼鐵公司最初也只是查爾斯・M・施瓦布的一個想法。獅身人面像不也曾只是一個埃及人的夢想嗎？

如果我們能將這個事實深扎於心，並常常記得這個事實，那就是思考是成功的必要條件。那麼我們每天是不是該把別的事情放一旁，而拿出更多的時間堅持不懈地進行思考呢？

對小事盡責

銀行家們堅持要了解跟他們做生意的人。為什麼後者不想了解他們的銀行家？現在連僕人和廚師都要堅持了解一下他們要服務的對象。很多現代商人也都是這樣做的。

一位來自於美國中西部的商人在多年前就已經意識到了解銀行家的性格和才幹的重要性。

他敘述道：「多年前，我曾邀請芝加哥國家大陸商務銀行的赫爾曼・沃爾德克到我的遊艇上共進晚餐。我的遊艇當時停在貝蒙特碼頭[041]的遠端。我們做了所有的準備來招待我們的客人，突然一場百年一遇的暴風雨襲來。真是一場大暴雨。我們的客人沒辦法聯繫到我們，因為我們的船停得離會所太遠了。所以我們認為他們不會來了。」

「當大雨傾盆而下時，我們聽到了來自一艘船上的招呼聲。原來是沃爾德克先生，他雖然已經溼透了，但還是準時赴約來了。我們讓他安頓下來以後，問他為什麼下這麼大的雨還要來。他的回答非常簡單，『我和你們有約，你們希望

---

[041] 貝蒙特碼頭位於長堤，是一座改建於 1966 年的水泥碼頭。這裡還有美麗的白沙灘。

我能來，所以我就來了。』」

「你對這樣的人會沒有信心嗎？如果他對這樣的一件小事都是如此的盡責，他對重要的事情能不盡責嗎？」

不需要別的說教了，這一句就夠了。

在建設未來時，重要的是不要老想著過去。

如果你不是朝著正確的方向前進，速度再快也沒有用。

生命不是旋轉木馬，你不能在一條人生道路上走兩次。

對待值得嘉獎的員工，不要僅僅給他獎金，有時還要給予他信任。

真誠是最好的策略。

幸福篇

什麼樣的人生才是成功的人生

　　我參加了一個人的葬禮，當她的棺木被掩埋時，代表一個真正成功的人生結束了。她的人生不是百萬富翁的人生，不是一個賺錢機器的人生，不是一個工業巨頭的人生，不是商業拿破崙的人生，而是一名工人妻子的人生。

　　常常有人批評我過於頻繁地寫那些百萬富翁的事，很少寫那些不是那麼有錢的人的事。那麼，我就簡要地講講這位樸實無華的人，因為她的一生要比許多傑出的人的一生更成功。

　　我跟她家當鄰居已經很多年了。人世間許多悲慘事情都發生在她身上。當她唯一的兒子還是個少年的時候，她就失去了他。這一不幸壓垮了她的丈夫，多年來他只能做些最簡單的工作。漸漸地他患了病，一病就是好多年，處處需要人照顧。她有四個女兒，她盡可能讓她們受教育，希望她們成為老師，但其中一個女兒遭遇了一場電車事故，造成了終身傷害，還有個女兒是終身殘疾。接著又一場家庭悲劇降臨了，幾年前，她的丈夫去世了。這一切都帶來了讓人難以承受的悲痛。

　　然而，我從未聽到她抱怨過，她跟誰打招呼，臉上都是掛著笑容。儘管內心必然是飽受煎熬，但她從未表現出痛苦和悲傷，哪怕是面對親人。她也總是勇敢地微笑著，毫無怨言。她總是想著別人，而不是自己。哪怕到最後，在她快 70 歲的時候，她也還是一天到晚為別人的事操勞著。

　　她的孩子對她的愛是如此地強烈，我從未在其他地方見過這樣的愛，她們崇敬她。她所有的親戚朋友沒有一個人不稱讚她那高貴的品格。

　　在她去世前幾天，我曾和她交談。就算是那個時刻，她依然微笑著，愉快地與我說話。當她處於神智不清的狀態時，她的話語充滿了焦慮，擔心她的孩子和孫子們無法得到很好的照顧。

　　我的結論是，如果一個人沒有給別人帶來過某種幸福的話，他的人生就不能稱為完全成功的人生。仁慈會原諒我們許多的罪過，我們堅信主的話。我也堅信，面對最心痛的事，卻還能堅持不懈地散播樂觀與幸福，這種功德不比仁慈低。「沒有人只為自己活」——除非他是個沒有遠見的愚人。

　　總有人問我：「什麼是成功？」

　　這一章可以算是一個答案。

如何獲得最大的幸福

哪個階層最幸福？有錢人，中產階級還是窮人？

一名非常成功的主管曾在一封信中提及了這一重要話題。那封信是寫給他的銷售人員的。在信中他引用了魯濱遜·克盧梭所寫的一個段落：

「我的父親命令我去觀察，而我也總能發現：生命中的不幸事件總是發生在上層階級或下層階級，而中產階級最不容易被災難光顧，而且他們也不會經歷上層社會經常面臨的動盪。不僅如此，他們也不會常常感到身心失調和不安。上層社會的人會因為生活的墮落、奢華和浪費而失衡；下層社會的人會因為勞作艱苦，必需品缺乏，食物粗糙不足而倍感社會動盪。與二者相比，中產階級更易於得到好運和快樂，他們內心豐富、和諧，他們溫和、舒適、安靜、健康。所有愜意的娛樂、所有宜人的愉悅都是上帝賜給中產階級的福祉。他們安靜、平穩地走過一生，然後安樂地離開世界。」

這位思維敏銳的主管接著寫道：「幾乎所有的麻煩都是由於錢太多或錢太少引起的。理智地去考慮你的人生價值 —— 每一天都試著去改善你的思維。花更多的時間去教

育、改善你自己 ── 畢竟對你來說有誰會比你自己更重要呢？去爭取你力所能及的成功，但要注意不要去爭取你力所不能及的事物。這樣的話，沒有人會比你更幸福，因為滿足感會帶來幸福和補償 ── 真正意義上的幸福來自於每天做好你當天需要做好的事情。」

對於幸福，我的個人體悟和他非常相似。我試著盡可能完美地做好所有工作；試著去爭取應該屬於我的回報；我盡可能明智地去賺錢、花錢；我十分安心地讓未來去替我決定我是否能變得富有。

但是，我厭惡貧窮的生活，我已經受夠了貧窮的生活。在別人的書裡，貧窮可能被理想化了，但是在這個無情的現實世界裡，貧窮是令人不快的。任何一個不願奮鬥、勞動從而使自己能處於貧困線之上的人都是愚蠢的人。

> 致銷售人員：如果希望有一天能夠手拿指揮棒發號司令，
> 先去爭取訂單。

男人生活中的「三要素」

任何一個男人生活中的三要素是「生意」、「家庭」和「健康」。

而每個男人面臨的迫切問題就是該如何分配個人時間，平衡生活中的這三要素以至於不忽視其中任何一個方面。

令人痛惜的是，許多傑出的美國男士都沒能成功地解決這個問題。

在這三要素中，哪個方面最容易被忽視呢？

據我觀察，首先是「家庭」。

其次是「健康」。

沒有幾個成功的男士會忽視他們的生意；然而，太多人忽視了生意之外其他的事情。

我會毫不猶豫地說，生活水準一般的家庭幸福指數要高於年收入在 5 萬～ 25 萬美元的家庭。

為什麼會這樣呢？

因為為了晉升到更高的職位，白手起家的人通常不得不長時間地工作，最大強度地將注意力集中在他們的工作上。他們經常性地出差，晚上不是在工作就是在應酬，編織對自

己有利的關係網。這一切使得他們大部分時間都無法在家裡享受家庭生活。

許多取得了顯著成就的男人在心智上已經超越了他們的妻子，因此她不再參與或沒有能力和他親密地談論他的活動、討論他的計畫。於是他找到了自己的興趣，而她也找到了她的。這一令人遺憾的現象普遍存在。

太多的「成功」男士認為他們無法給予家庭更多的時間。他們的理由是，如果他們將所有的時間和精力都放在賺錢上，對家庭的貢獻更大。他們十分渴望能夠給予妻子和兒女更高的社會地位，他們認為只有全神貫注於事業才會實現這個目標。

接下來我想說說「健康」問題。如今，企業和商業機構發展得越來越大，任何一個主管如果想爬到總裁的位置就一定要為之付出全部的精力。比起其他年齡段，有更多體格強健的人是 40～50 歲時健康遭到了破壞。而如今，在金融業、工業和商業領域中，高級職務大部分都是由 40～50 歲這個年齡段的人擔任著。

如果我們列一張清單，列出所有剛剛 50 歲就過早死亡的高薪主管，上面的資料很可能會令所有人感到震驚。

我認識一些四五十歲的人，在這個人生階段他們實際上都在慢性自殺。他們生命中的一切都服從於他們的事業和野

心。健康和家庭生活全被捨棄。當你對他們的做法加以責備時，他們會對你說：我沒有你們想像得那樣拚命，我會放鬆一下的，當我完成……

他們所謂的放鬆一刻永遠不會到來。

為此，我們該怎麼辦？

那些忽視家庭或者忽視健康或兩者都忽視掉所產生的罪惡感必須引起我們對生命的一些嚴肅思考，思考什麼才是生活中的最重要的事情，思考他們的這種生活方式將會產生怎樣的後果。

任何一個心智正常的女性都更希望能有普通的物質環境，經常有丈夫陪伴左右，孩子也可以經常看到爸爸，而不是生活得十分富有，可家庭生活毀掉了，孩子父親的健康也毀掉了。既然這樣，妻子應該毫不猶豫地向過於忙碌的丈夫表明自己的想法，懇求他改變一下生活方式。這樣的話，那些在家裡等待的親人可以更多地看到他，而他的身體壓力也會減輕。

令人高興的是越來越多肩負重大責任的人開始定期去醫師那裡進行體檢。有一兩個機構大力提倡健康和減壓運動，為養成這一好習慣做出了無價的貢獻。

有很多忙碌的人拒絕去醫生那裡體檢，他們的藉口是：「醫生肯定會讓我六個月完全停止工作，除了娛樂什麼都

不想，度過一段悠閒、輕鬆的時光。可是我現在真的走不開。」

凡是在這樣頂級的現代醫療機構中工作的醫生都非常了解那些成功人士在工作上所處的高壓，因此他們是不會強求這些人去接受根本不會被接受的治療和修養，他們會根據實際情況盡可能地開處方，盡可能地幫助他們改善一下生活現狀。

各大報紙都評論了《美國雜誌》編輯約翰·M·西德爾事件。西德爾在幾年前被告知，如果他繼續工作，他只能活幾個月，但如果他放棄工作，他至少還能活一年。西德爾選擇了繼續工作。正如醫生說的那樣，他幾個月後死掉了。

事實上，西德爾是眾多白手起家的美國人中的一個典型代表。他們夜以繼日，年復一年地拼命工作，從不休假，從而早早地給自己挖了墳墓。多年來，我一直勸說、懇求他離開辦公桌出去度度假，哪怕是一週也好。但他是徹頭徹尾的工作狂，我從沒能說服過他。直到他開始感到一切已經為時已晚，才對我說「也許」等放假了他會和我一起去打一週的高爾夫球。但是假期沒到，他就死了。

他死時只有 49 歲。

太多忙碌的人總是告訴自己說，完成這個目標，他們會好好地注重一下身心健康。可一旦完成某一目標或到達一定

的高度，他們又會再接再厲，絲毫不曾鬆懈。他們的身體康復放鬆計畫就像明天一樣，永遠不會變成今天，一天天、一月月、一年年地向後推移。

　　我寫上面的這些話是希望在成千上萬個忙碌的主管中至少能有幾個願意去思考一下他們現在的生活狀態，並願意行動起來，在這個複雜的「三要素」中去尋找一個明智的平衡點。

> 改變條件通常會給「適者」創造出一扇通向機會的大門，而帶給「不適者」的只有「關閉著的門」。
>
> 具有領導才能的人不但能夠看到該做什麼事，而且還能夠看到如何做成這件事。
>
> 只有一件事是你不透過努力就可以做到的，那就是「失敗」。除此之外，再無其他。

哪裡的人們從生活中得到的最多

比起我們東部人，西部人和南部人更理解生命的意義。每次當我周遊全美歸來時都會更加確信這一點。

比起緊張、豐富、忙亂的東部，他們更重視人際關係、友誼和人自身的發展，而不那麼重視賺錢和占有物質。

西部人和南部人用更多的時間去真誠地進行人際交往。他們的生活更平常、更自然。也許部分原因是因為他們更多地在戶外活動、熱衷於戶外的娛樂和體育運動。「娛樂」並不只是在戲院看戲或在酒店裡看表演，而是透過走進大自然，去野餐、去釣魚、去游泳、去燒烤、參加草坪派對、在家裡舉行音樂晚會等諸如此類的戶外活動中獲得。我所經歷的最美妙的一個夜晚，就是在德克薩斯州的一個晚會上。

不知道為什麼，我總是感到比起許多年收入在 10 萬～100 萬美元的東部家庭，很多年收入在 5 千～2 萬美金的西部和南部家庭對世界的貢獻更大，從生活中得到的也更多。

人生比工作更需要圖表

你做過人生規畫嗎？

你是否做過這樣一個計畫：不是計劃如何花錢，而是如何經營你的人生？

我的一個朋友，沃爾特·雷默特是來自洛杉磯、舊金山和奧克蘭的一個成功商人。他在去歐洲度假的路上，路過紐約，和我談起在太平洋沿岸最有能力、最忙碌、最富有、最有活力和最有野心的一個商人。雷默特先生跟我談起他最近一次與這個人的交談。

「他十分激動、狂熱地向我講述他偉大的商業計畫，」雷默特先生說道：「他手上有各式各樣的資料，還向我展示了他的圖形和表格，他仔細地對這個和下一階段工作的成本做了預算，並計算出每一步操作所需要的時間。一切都是如此詳細，如此有條理。很容易看出，他全身心地投入到了這些偉大的商業計畫中。」

「聽完這番話，我腦子裡突然湧出一個念頭，他能從中得到什麼？他將收穫到什麼？這一切能為他的人生增添些什麼？能為他做些什麼？他肯定是不再需要錢了。事實上，我

不認為他還在乎錢。我突然反問他：『很明顯，你費了很多心思為你的商業做計畫、做預算，但是你給你的人生做過規畫嗎？在未來不同的階段，你希望你的人生是怎樣的？你有沒有計算過你的時間？多少時間你要給予你的生意？多少時間給你的家庭？多少時間給你的健康？多少時間給你的朋友？』」

「很明顯，他感到迷惑不解，他定定地看了我一陣。然後回答道：『你知道，我從來沒有認真地考慮過這樣的問題，直到去年我去歐洲度假，這是我幾年來頭一次真正意義的度假。自從那次度假以後，我一直在問我自己，我這樣將我所有的時間和精力都獻給了我的生意，雖然我認為我所做的工作對國家有益，但我應該一直這樣生活下去嗎？這是最明智的抉擇嗎？也許該是我重新調整生活的時候了。』」

「我催他快點規劃一幅生活計畫，制定一條他認為最明智、最理想的人生軌道。我建議讓他的祕書來監督他的生活計畫實施，他在各個方面有了進步，就在每個月底向上移動這個圖表上的彩色別針。」

「畢竟，」雷默特先生繼續說道：「當你解決了生計問題後，更多的錢，上百萬的美元對你又有什麼用呢？難道一個人僅僅只能透過金錢的積聚來增加他認為最有價值的財富嗎？到最後，真正的財產難道不是由家庭和朋友構成的嗎？

擁有一大幫朋友的滿足感難道不比賺你和你的家人根本用都用不完的錢更巨大嗎？朋友才是最有意義的。」

如今，你我都知道很多人擁有巨額財富，而除錢之外其他的東西卻少得可憐。他們的野心使他們犧牲了家庭生活。當他們的妻子和孩子期待他們的陪伴時，他們卻無能為力，他們的子女沒有機會獲得完整的父愛，也沒有機會親密地接近父親，去了解他，像愛親密夥伴一樣地去愛他。在許多情況中，這樣發展的結局是悲劇性的。但是當他們想彌補時卻為時已晚。

你難道不認為這個想法非常有用嗎？安靜下來，虔誠地、仔細地試著制定一個圖表來引導你的人生和目標。

順便說一下，當我開始寫這本書時，那位超級忙碌的商人就已經去世了，終年只有五十多歲，他的心臟崩潰了，醫生下病危通知只有幾個小時後，他就辭世了。

用多少時間來休閒？多少時間來工作

什麼能給予我們更多的滿足感，工作還是休閒？

我的上一篇文章被刊登在 50 家報紙上，讀者們看後紛紛回信。

其中有位 80 歲的讀者羅伯特・朵拉爾，他經營著一家環球汽船運輸公司及幾家其他的運輸公司。他寫道：「我對你那篇〈對生活的投入要比對生意的投入高〉的文章非常感興趣。我認為，由於這個世界上有各式各樣的人，每個人所處的環境都不一樣，所以很難制定出一條適合所有人的標準。我一直對那些窮人、不幸的人還有跟我相比顯得無所事事的有錢人深表同情。我每天從早晨一直到深夜都在努力工作，我從我的人生中獲得了如此多的樂趣，因為我的工作就是我的樂趣。自從 14 歲離家謀生開始，我就宣布我有權利獲得世上我所能獲得的所有快樂，透過自己的努力工作我就能將一切做好。我發現在這個過程中我獲得了極大愉悅，但這也使我更加同情那些窮人、不幸的人，以及那些整天遊手好閒、不知道該做些什麼的有錢人。」

「聽起來也許很奇怪，但我告訴你我從來沒有休過假，

也不需要休假。因為生意的緣故，我經常到處出差，這兒走走那兒看看。當船靠岸的時候，我也經常到岸上坐坐。透過這種方式，我得到了我所需要的所有休閒時光。我說這一切只是想表達我們每個人都是不同的，在這個世界上所處的位置都是不同的。對一個人是美食，但對另一個人就是毒藥。」

法官凱理在幾年前曾告訴我，他打算在政府對鋼鐵公司的訴訟案結束後就退休。最後案子了結，鋼鐵公司贏了官司，而法官凱理卻發現自己更想工作而不是退休了。在 80 歲的高齡，他仍然是公司的龍頭老大，最後在工作中死去。凱理明智之處在於他曾多年在國外旅行，積極地參加社交活動。在他成熟後，就開始非常努力地工作，但他並沒有成為可憐的工作奴隸。

近半個世紀以來，美國銀行家之首，87 歲高齡的喬治·F·貝克 [042] 帶著非凡的熱情投入到商業活動中。身為一間大型企業的董事，他比其他任何一個金融家都要搶手。但是最近二十年來，他的生活節奏慢了下來，在 70 歲的時候他養成了一個壞習慣，開始抽煙，不過同時他也開始熱衷打高爾夫球。

約翰·D·洛克菲勒 [043] 告訴我他早在 40 年前就開始輕鬆

---

[042]　西元 1840 至 1931 年，與 J·P·摩根同時代的美國最有影響力的銀行家。

[043]　西元 1839 年 7 月 8 日至 1937 年 5 月 23 日，美國實業家、超級資本家，美孚石油公司創辦人。

地生活。如果他當時沒有那麼做，他估計自己早就累死了。他在年輕的時候是如此地拚命工作。工作影響了他的身體，後來他不得不在健康和死亡之間進行選擇。他選擇了健康。但直到 80 歲他還是十分關注公司的發展。

當最高法院法官奧利弗·溫德爾·霍姆斯[044]86 歲高齡的時候，他的醫生撒母耳·S·亞當斯說道：「如果法官放棄給他帶來這麼多快樂的工作的話，他會崩潰的。他跟愛迪生是一樣的工作狂，在美國還有好多這樣的人。他們在自己所選的領域裡取得了巨大成功，儘管年事已高，卻透過讓自己忙碌來保持年輕的心態。我觀察到很多年紀大的人一旦放棄工作，開始輕鬆的生活時，他們老得就更快。」

完全的退休並不能令人高興，但讓人傷心的是，許多成功的商人全身心地投入到了工作中，而不去學會如何放鬆、如何去生活。作為賺錢機器，他們是成功的，但身為一個人卻是失敗的。

> 如果你不能做你喜歡的事，就去喜歡你正在做的事吧。

[044]　Oliver Wendell Holmes（西元 1841 至 1935 年），西元 1866 年畢業於哈佛大學法學院，在波士頓從事一段時間的律師工作之後，於 1870 年入哈佛法學院擔任講師、教授，1882 年 12 月擔任麻薩諸塞州最高法官，1899 年起任院長。1902 ～ 1932 年，擔任美國聯邦最高法院法官。霍姆斯的學說，主要體現在他於 1881 年出版的著作《普通法》、《法律之路》，他逝世後出版的判決意見集《霍姆斯法官的司法見解》以及生前發表的一系列論文之中。

你的兒子不應該與你的想法一模一樣

　　一位虔誠的美國富翁非常難過，自己的兒女們居然和他的想法不一樣。

　　兒女們在學校和大學裡接受的教育不同於父母所受過的教育。他們喜歡享樂，喜歡做與其他同齡人不同的事情。這位父親認為自己的孩子做事有些馬虎。他自己的父親年輕時就沒享受過，他自己也是追隨父親的生活方式。但是他發現他自己的孩子卻不一樣。他們時髦、現代，渴望自由生活。他們不像他那樣嚴肅地對待生活。他認為在很多方面他們過於超前。

　　當我把這件事跟另一位百萬富翁說起時，他做了這樣的評論：

　　「為什麼他的孩子一定要和他年輕時的想法一樣，做一樣的事情呢？如果他們真是這樣，他們就會成為異類。他們根本就不能適應現代社會。難道送孩子去上大學不是希望他們吸收新的思想嗎？如果每個後代都和他的前輩的想法一樣、行動一樣，發展的腳步就會停止。我和你還有這位父親必須時刻準備著給子女更大範圍的行動自由。」

「當我們年輕的時候，我和你都沒有開著車到處炫耀。但是，難道就是因為這個原因就不讓孩子們開車嗎？我們的母親沒穿過短裙，難道我們會荒謬到讓我們的女兒跟母親穿一樣長度的裙子嗎？」

「只要年輕人們不做任何可恥的事，我們不應該過多地控制他們。而且，控制也不是長久之計。在家過分的壓迫通常會導致孩子在離家後過分的放縱。」

「主是我的指路人；我將不受匱乏困擾。」這句話，深植在我們的心中，深深地感動著我們，任何詞語都無法描摹。

人如果活到 80 歲，那麼他一輩子當中的 20 年受教育、40 年奮鬥、20 年娛樂。

多多祈禱自己會為別人帶來更多的幸福吧，不要只想到索取。你瞧吧，你給予別人多少幸福自己就會得到多少幸福。

保持一顆好奇心。自己背負越多別人的重擔，就越有力量背負自己的重擔。

拆除思維的柵欄

一位東部人參觀一個西部牧場。這時，一群羊穿過一片草地。這位參觀者發現領頭羊和其他羊都在某個地方高高跳起。可那個地方既沒溝也沒柵欄，這位參觀者非常迷惑，就問牧場主人為什麼這些羊要愚蠢地跳起。「是的，」這位牧場主回答道：「很多年前，這兒曾有一個柵欄。但早在現在這些羊出生前就被拿掉了。他們的祖先曾跳過那道柵欄，從此以後這些羊就一直在跳躍一排想像中的柵欄。」

愚蠢的羊，你可能會這麼說？但是我們中不是有很多人都在這種想像中的柵欄面前卻步嗎？有時候我會擔心一些我以為很難的障礙，結果卻發現這些障礙只存在於我的想像之中。通常最艱難的困難都是那些在我們自己腦袋裡想像出來的困難，不是這樣嗎？那些成功的人都是既不害怕真的困難也不害怕想像中的困難的人。相反，那些失敗的人看到的只有困難，在困難前退縮，而不是企圖克服困難。

在你內心嘲笑這群羊之前，先確定自己是不是和他們一樣愚蠢。

你到底想要什麼

你為什麼工作？

為了生存？為了養家、妻子、孩子還有你自己？為了累積財富？為了提高你的地位和權力？為了名譽？

不管你到底為了什麼，但都可以用一個詞來回答，那就是你想要「獎勵」。

我之所以寫這一章，是因為受了一個小學生和他的老師之間對話的啟發。上課結束後，小男孩用一種哀傷的語氣問道：「我今天表現得不好嗎？」

「不，你今天表現非常好。」

「那麼，您能給我應得的獎勵嗎？」

老師一邊道歉，一邊遞給孩子一枚紙質的金色小星星，當男孩兒把它貼在書裡時，臉上滿是喜悅。

我們都為了獎勵而工作。我認識一些人，甚至可以說是許多人，都在為一些我認為是不值得的獎勵而工作，這些獎勵的價值還比不上那個男孩垂涎的紙星星。

我非常清楚地記得，幾年前有一個非常有錢的人對我說，他羨慕我的工作，因為他認為：「你有很好的成名機

會。」 我發現，他非常想要的紙星星就是曝光度。他的抱負並不是為同胞們做出寶貴的貢獻。他唯一的野心就是要站在眾人注目的中心，變得有名，獲得他所謂的「名望」。

從那時起，他一直努力讓他的名字進入大眾視野，但我更相信，這給他帶來的滿足感並不會像他所想像的那麼大。

在很多年前，一個富有的紐約進口商曾宣布這樣一個計畫，無論是哪個男孩或女孩只要能宣誓，能在兩年期間嚴格要求自己，並能真正實踐其諾言，他將拿出 100 ～ 200 萬美元作為獎賞，發給那些男孩和女孩。他為此做出了這樣的解釋：「我之所以這麼做，是因為我希望能成為自己的遺囑執行者。比起我死後的遺囑執行人，我能讓自己更滿意地處理我多餘的錢。」

很明顯，透過這樣花錢，他獲得了心理的滿足感，而他想要的獎賞正是這種滿足感。

伊士曼柯達公司的總裁喬治·伊士曼也有過類似的實驗。他拿出了 6 千萬作為對年輕人的獎勵。他只是簡單地說，他之所以這樣做是希望看到事情的結果，從而能得到更多的快樂，這總比緊握著錢一直到死要好得多。

喬治·伊士曼和那個富有的紐約進口商一樣，也是為了獲得某種獎賞。

說起現在各個階層所鍾愛的獎賞，比起以前有很大的不同。

一直到本世紀初，眾多金融家、工業家、商業家和鐵路巨頭所追求的獎賞就是錢，上百萬元的錢。

這樣的獎賞結果是讓人感到非常失望。獲取大量的財產變得稀疏平常以至賺錢已經不能給擁有者任何特別的感覺了。

21 世紀湧現出各式各樣的慈善家。人們為教育大量地捐款，資助醫療科學，向教堂捐款，還出現了一種新的風尚，例如，將私有的生意轉交給忠誠的員工們，將大量的遺產留給商業夥伴和同事，與員工分享利潤等諸如此類的行為。

但你仔細分析這些行為，它們都源於一種對獎賞的探求，探求某種心理獎賞，渴望讓人感激而獲得的滿足感。在某些情況下，僅僅就是一種深深的渴望，對做了一件高貴的事而得到的發自內心的喜悅的渴望。

曾幾何時，普通工人們渴望的獎賞就是有足夠的錢來養家，現在工人們已經不能滿足於這個十分基本的獎賞了。大部分美國工人設立的目標要遠遠高於簡單的生存。有些人想要一個屬於自己的房子；有些人想要一輛車；有些人想賺夠錢送他們的孩子上大學；有些人想要享受很多的娛樂；有些人想要旅行；所有人都想要電話、留聲機和答錄機等諸如此類的現代電器。

人類致力於獲得更高的獎勵，這對文明的進步是有益

的。正是因為這種刺激、這種野心、這種渴望讓人們行動起來，激勵著他們向更高的成就前進。

　　透過學習和分析現在與未來人們內心渴望的獎勵，個人的成功和企業的成功並不難獲得。

計劃好了卻不行動就像是喝水卻不下咽一樣毫無意義。

如果你只有野心卻沒有精力，那就像是沒有動力的火車頭，走不了多遠。

未來最一流的上位者、領導者將是那些情商和智商一樣高的人。

太忙就是缺少自我規劃

你一定認為自己是個大忙人。

幾乎每個人都這麼認為。

但是事實上，身居要職的人很少會「心急火燎」，也很少把工作弄得一團糟，更很少因為身陷工作而不能細緻地照顧別人。

凡是那些高呼太忙的人，據我觀察，其實是浪費了很多時間。這種人一個相同的習慣就是，總是不斷用 5 ～ 15 分鐘的時間去向別人說明自己一分鐘多餘的時間都沒有。當有人因事登門拜訪時，他們不是耐心地聽對方說完然後給出一個清晰的答案，而是滔滔不絕地說些自己的事。

在很多營業場所，更多的時間都浪費在了不必要的談話上，浪費在了私人閒聊而不是嚴格地用在公事上。

那些最應受到批評的人恰恰是那些總是抱怨時間不夠用的人。

「我們的新董事長比某某先生能會見更多的人。」在美國一家大企業裡工作的一名職員有一天對我說。

「他怎麼會有那麼多的時間？」我問道。

「我不認為他為會見客人花很多的時間，」他這樣回答，「但是他總有辦法讓來訪的人很快切入正題，然後迅速幫他們做出決定。而你知道某某先生總是喜歡靠著椅背跟來訪者先隨意地閒聊上半個小時，甚至一個小時。」

法官凱理就是商業巨頭的好榜樣，他從不讓自己淹沒在沒日沒夜的工作中。成功的現代主管知道如何「管理、用人和監督」。

法官凱理深知用人的藝術。凡是別人能做的事他就放手讓他們去做。結果是，事情運作得十分順利。

在美國，沒有幾個人比歐文·D·揚有更廣泛、更多樣的興趣了，他是傑納勒爾電力公司的領袖、多面的商界領導人，還是一名有愛國心的公民。他非常擅長管理自己的時間，但是他又給人一種總是有很多時間來處理大量事務的印象。他並不總是精力十足，只是他能冷靜地做事，而且總能找到機會微笑。

世界上最大型企業軍團的總司令，W·S·吉福德，是美國電報電信公司的總裁，他的公司擁有 33 萬員工。他在向上爬的時候曾經拼命工作過。他不僅做完了非同尋常的大量工作，還經常能想出好點子。自從他當上了公司的掌舵人，他就修整了工作策略。他不允許每天雪崩般的任務或決定堆在他身上。他堅持讓自己相對自由，使自己有足夠的時間見那

些負責人，讓他們親自將工作呈現給他。

「每天管理超過 30 億美元的資產，還要滿足 5 千萬人要求，一定讓你每天都非常忙。」我對他說。

「不算太忙。」他這樣回答。

也許，像加里‧揚和吉福德這樣的人之所以能達到事業的巔峰，其中一個原因就是因為他們成功地擺脫了認為自己是世界上最忙的人的想法，他們設法完成任務，如此合理地規劃時間，讓自己保持身心的充分自由，有時間向前看，提前計劃，穩步前進。

這樣你就理解了為什麼董事會總是猶豫要不要提拔一名總是被已有工作所壓倒的總裁到更高的位置上。

前進吧，不要再自怨自艾認為自己太忙了。一個總是沒有時間做任何事的主管其實是沒有掌握管理、用人和監督的藝術。

不要讓工作成為人生毒藥

　　每個主管在工作態度和方式上都相差甚遠。有些上司從工作中找到了人生的全部樂趣；有的上司喜歡大量的工作，卻也能在休閒中找到樂趣；有些主管精於細節；有些主管卻儘量躲避細節；有些一天工作 9 個、10 個、12 個小時甚至更多的時間，而有些每天只工作半個多小時。

　　不知為什麼，我總是對那些只有工作卻沒有時間做其他事情的主管抱有同情，他們甚至沒有多少時間或根本沒有時間和家人在一起。一個正在向上爬的人將自己完全奉獻給工作或許是件好事，因為他有自己想要實現的既定目標。事實上，如果不是以長達幾年沒日沒夜的工作作為代價的話，沒有幾個人能達到事業尖峰。現在沒有幾個領導人能按照每天 8 個小時工作的日程表來工作。

　　但是如果坐到最高職位並保持最高職位的前提就是每日從早到晚、每週、每年連續地辛苦工作，沒有任何休閒的社交活動，這值得嗎？

　　在美國四家大型企業中，有兩家董事長成為了工作的奴隸。他們每天長時間地工作，幾乎每晚都忙於商業問題中，

他們根本就沒有想過要花上幾週度個年假。

人們禁不住欣賞他們如此高度地忠於職守，也不得不說他們這麼拼命工作，對於股東來說是最有利的。然而，我更加讚美那些能夠合理管理工作，使工作系統化的領導人。他們能夠像正常人一樣去生活，有時間去做工作以外的其他的事情，去做那些我們的造世主希望我們去參與、享受的事情。

有些藥物，人在生命中某一階段吃是有益健康的，但在另一個階段吃卻變成了毒藥。大量的工作在人生的某一時期是健康的，但在某些人的生命中，有時大量的工作在某一階段會變成毒藥，扼殺了美好的自己。

> 偉大不是因為你為自己做了什麼，而是因為你為別人做了什麼。
>
> 葉子落到地上，死去了。種子卻可以扎根、生長。你是葉子還是種子？
>
> 少量的水也能轉動最大的發動機，只要它以足夠的重力下降。
>
> 良好的聲望會帶來財富，這句話沒錯。

你最渴望得到什麼

如果豬可以祈禱的話,它可能祈禱殘羹剩飯。你又祈禱些什麼?換句話說,你最渴望得到什麼東西?

我們中有些人,不是正像豬一樣,只企求大量的食物、大量的飲品、大量的衣服、可以炫耀的房子、一長排汽車、無止境奢華的娛樂和奢侈的旅行嗎?

我們不也企求安逸和賦閒?

我們不也企求萬貫家財?

我們不也企求名聲和大眾的歡呼嗎?

簡言之,我們不是正像豬祈禱的那樣,想要的都是些極度自私、極度物質性的東西嗎?

如果是這樣的話,我們先停一下,想想這樣的祈禱會讓上帝怎樣想?他曾經教導我們:「給予比獲得更神聖。」這樣的祈禱能引起上帝的興趣嗎?他曾教導我們:「謙遜的人應該繼承土地。」還說過:「第一個將會成為最後一名。」,他還曾警告我們:「除非你成為一個小人物,否則你將無法進入天堂。」

什麼才是最值得我們拚命取得的東西?

什麼才是生命中最值得做的事情？

什麼才是最值得爭取的東西？

最後，什麼才能帶給我們最大、最真實的滿足感？換句話說，我們應該祈禱些什麼？

企求人間有天堂；企求人間具有天堂裡才有的人與人之間的互助、互愛；企求我們擁有越來越大的能力來為人類的福祉做出更大的貢獻；企求我們能訓練自己，以更好地為我們所在的時代付出；企求我們能夠規範自己的行為，以便能增加人類的幸福；企求我們能更熱衷於管理而不是被管理。啊，我是不是要求得太多了呢？

心中懷有這些渴望，說出這樣的禱告是明智的還是令人難以置信地愚蠢？

是不是只有天真的傻子才能想像出這樣理想化的世界終有一天會到來？

「給予比獲得更好。」這只是句空話嗎？是只在教會學校裡出現，在殘酷的現實世界裡非常荒謬、不現實的話嗎？

那麼，我們一起來看看吧。

在現代廣告中，哪個單詞比其他任何詞彙用的次數都多？

難道不是「服務」這個詞？

很明顯，無情的商人認為透過宣稱他們渴望服務別人，就能夠吸引到更多的顧客，贏得更多的好感。

　　在卡爾文‧柯立芝（Calvin Coolidge）擔任總統候選人時，是什麼讓他獲得了各州的支持？因為人們廣泛認為他始終在勇敢地為整個國家的利益而抗爭，不管他的行為和行使的否決權是否會傷害還是能有助於他取得暫時的聲望。

　　捫心自問，你是否會為一個你認為自私的人所吸引？還是會被你認為是無私的人所吸引？我們難道不是欣賞別人身上的高尚特質嗎？那麼，什麼是我們認為高尚、值得欽佩的特質？

　　這些特質是一頭豬或像豬一樣的人想要得到的嗎？

　　這是我們的母親教給我們的？還是在經常受到嘲笑的教會學校裡學到的？

　　你自己回答這些問題吧。

　　如果你能明智地回答這些問題，你就能踏上通往成功的大路，既能在生意上取得成功也能在生活上取得成功。因為從整體分析來看，沒有生活上的成功，生意上的成功是不值得爭取的。

　　上述的話並不是說教，你可能會發現，它們都是以提問的方式出現的，關鍵在於你要自己想出答案。

富一代如何教育富二代

　　很多有錢人在教育孩子的問題上遇到了麻煩，還有些有錢人在他們的子女從少年轉變成青年時感到擔心。一位有錢的父親成功地教育了他的兒子，其中有些建議值得其他人借鑑。

　　這個男孩一直離家在學校就讀，他非常清楚自己的生活花銷需要多少錢。父親和兒子經過協商，固定提供兒子每個月零用錢的數目。這筆錢包括買衣服的花銷，住宿和娛樂等等費用，但不包括看醫生的錢。他們毫不費力地就達成了一致，確定了一個雙方都滿意的數字 —— 非常適中的金額。

　　漸漸地，為了男孩的將來，這位父親希望開始培養這位年輕人。他又與兒子進行了交談，他告訴兒子打算給他一大筆錢，希望他能明智地投資，從而賺到自己的零用錢。

　　這個兒子因為父親對他的信任而感到非常興奮。

　　這筆錢按時地以這個年輕人的名義存進了一家信託公司。兒子問父親將錢投資在證券是否明智，父親拒絕表達自己的意見，但卻建議他跟這個銀行的職員談談。

　　年輕人照父親的意見去做了，再也沒有向他的父親諮

詢，他自己進行了各式各樣的投資。在投資之後，而不是投資之前，他告訴他父親他做了哪些投資。

現在這位年輕人非常關注投資領域的一舉一動。

「後來，」這位父親告訴我，「我給了他更多的錢用於投資，這樣他就有更大的機會，透過明智地選擇投資專案來增加銀行存款。這樣，我希望當將來需要他承擔重大責任時，他不會失控或不知所措，而是會把明智的投資看作是理所當然的事情。在他青年時期，增長他的眼界，他就有機會學會如何花錢和如何存錢。這樣的話，他就什麼都見識到了，投資、花費和存錢對他來說也不是什麼新鮮事了。」

如何教育那些注定要繼承大筆財富的年輕人，這難道不是一個明智的方法嗎？

敬畏恐懼。

不要因為忙碌而忽視朋友

卡拉馬祖 [045] 羊皮紙公司的總裁 J·金德爾伯格描述了一件小事。這件小事他寫在了致顧客和朋友們的定期信件上，我認為我們都應該用心記住這件事。

「有人輕輕地敲我們辦公室的門，我打開門，看到門口站著一位 80 多歲的老人。他是一位善良親切的人，我們多年的老朋友。但是由於我們總是忙於工作，再加上他已退休，我們就失去了與他的聯繫。事實上，是我們忽視了他。」

「我們給他拿了把椅子，他坐下來，老淚縱橫地說，『我不得不來看你們了，我很少出門，我的很多老朋友都已經去世了，當然像你們這樣的年輕人又太忙。今天早晨我走在大街上，看著行人，他們也都看著我，他們匆匆走過，沒有人跟我打招呼。但是我太想看看熟悉的面孔、聽聽熟悉的聲音了，所以我就來看你了，但是我不會打擾你的，我知道你是個大忙人……』」

「這位老紳士顫顫巍巍地站起來，又被我們輕輕地拉回到椅子上。我們說他願意待多久就待多久。最後他離開的

---

[045]　位於美國密西根州。

時候，我們還告訴他，我們過幾天就去他家看他。我們真的打算去，可是事務總是堆積如山，讓我們分身乏術。可今天早晨，我們聽到這位老人過世了的消息。我現在充滿了懊悔。」

「我們商人是不是太過沉迷於生意，而總是忘記要偶爾拜訪一下朋友？我想是這樣的。」

如果你看不到勞動之美，那你比盲人還可悲。

承載著勝利希望的子彈都是從滿載思想的頭腦中射出的。

想成為領導人，首先要有強烈的好奇心。

前進，堅持再堅持。

想要出人頭地，既要公正無私又要能力超群。

在困難面前逃跑，就不會走得很遠。

多數人都必須一點一點地獲得救贖

一位有影響力的傳教士曾說過：「有人一夜之間突然從罪人變成了聖人，這種事確實有過，但大多數人都必須是一點一點地來獲得救贖。」

這句話不也適用於商界，適用於個人和企業嗎？

然而你是不是經常遇見那些等待著「幸運之神」垂青，希望自己一夜暴富的人呢？同樣有些企業也總期盼著類似的奇蹟發生。

我所知道的大多數成功人士和企業都是「一點一點成功的」。

有時確實有過，某位投資者或工程師或上班族突然成名了、富有了。有時我們也會看到某些企業一夜成功了，就像維克多留聲機公司在失敗之後突然又恢復生機。林德伯格先生轉眼間就成為名人。范斯維林根兄弟倆突然在運輸業聲明鵲起。庫里奇曾是一個名不經傳的中西部銀行家，卻當選為聯邦儲備局的局長。奇異公司的股票突然飆升到極高點，使每一個主管和大戶股票持有者迅速地變成了百萬富翁。無線電發明出來了，看吧，立刻又會出現一大批百萬富翁。

　　沒錯，確實有些個人和企業一夜之間就發生了轉變，一夜之間就發生了翻天覆地的變化，一夜之間發生了奇蹟。

　　但即便是在這些例子裡，如果深入、細緻地觀察，你也會發現其實在這一夜成功的表面背後也是「一點一點救贖」的過程。

　　林德柏格一直都在辛苦地準備著。維克多公司是經過了長期研究的努力，才恢復了活力。奇異公司幕後的人們一直夜以繼日地辛勤工作，這裡改良一下，那裡強化一些弱項，在這裡打下個更堅實的基礎，在那裡建造一個更牢固的結構。

　　羅伊·揚，你知道，正是追隨了總裁庫里奇的舉措，經過多年堅持不懈的努力才獲得了名譽。

　　也許「幸運」真的存在──「幸運」無疑是存在的。但我不記得自己曾遇見過純粹是「幸運」的人，大多數人都是透過多年的學習、準備、計劃和努力工作才獲得了幸運女神的青睞。為了一個發明做了 1 萬次的實驗，愛迪生認為是件很平常的事。

　　堅定成功的信念，哪怕成功的希望只是一點點，別擔心最終的結果。

　　也許下面這些話會讓你感興趣：

　　「如果我嘗試，我也許會成功；如果我不嘗試，我不會成功。」

當我試圖迴避一些我知道必須要解決的難題時，我經常重複這句話。值得注意的是，很多時候當你打算用全部的力量、熱情和決心來對付困難時，困難就自動消失了。

在下面這 50 個新年決心中，也許你會挑出幾個自己來用。

我決定：從現在開始邁向成功

要努力為這個世界、為工作和為人類做出貢獻。

打起精神去實現目標，少為報酬而煩惱。

多花些時間在值得的事情上。

全力工作，超越限度地工作。

盡可能遵守金玉良言，這既適用於生意也適用於社交。

更快樂地從事我的工作。

多考慮別人。

當一名好的團隊成員。

多讚揚別人，少譴責別人。

推動別人而不是挫敗別人。

做個激勵別人的人，而不是掃興的人。

要為生意加把油而不是扔石頭。

做對別人有幫助的人，不做防礙別人的人。

充當發動機，而不是剎車裝置。

做企業和世界的「資產」，而非「債務」。

在生命中找到明確清晰的目標。

更努力地、更堅定地、更勤勉地前進，直到實現目標。

少浪費精力、時間和金錢。

更多的自律，更多的自立，更多的無私。

多注意日常習慣，這樣就不用為健康擔憂。

將失望錘煉成激勵。

更多地從哲學的角度來考慮事情，要記得，當事情出錯時，「這件事也會過去」。

經常抬頭看看天空。

在戶外找到更多的快樂。

目光長遠地看待生命和生活。

多注意明亮的星星，少計較烏雲。

多些耐心，記得每件值得做的事情都需要熱情、努力和汗水。

要意識到自己其實很卑微。

要意識到自己擁有多少。

更嚴格地控制我的脾氣，有時要做到漫不經心。

如果我盡力了，就算沒人肯定我的工作，也不要感到懊惱。

少說多做。

試著多站在別人的立場上而不是自己的立場上看問題。

更多地肯定別人的目標和雄心。

從自己的小世界中走出來，多關注一下周圍的世界。

培養勇氣，這樣就不會有人稱你為懦夫。

對自己多一點信心，永遠不要懷疑自己做事的能力。

自己靜坐，每月進行一次個人「清查」。

不能寬以待己，嚴以待人。

坦白地、不妥協地面對事實。

謹慎地工作，記得自己的缺點。

不要因為過去的失敗而氣餒。

認定自身的勝利和企業的勝利同樣重要，會給自己帶來同樣大的滿足感。

少熬夜，多利用工作效率高的上午時間。

更多地考慮自己身為公民的義務。

正如美國作為一個世界大國正在發展，自己身為一個公民也要尋求進步。

把更多的心思放在真正重要的事情上，少放在那些表面看上去好像很重要的事情上。

修改自己的文章，讓它更具可讀性。

放棄那些由於心態失衡而表現出來的賣弄，多培養大智若愚似的謙卑。

培養謙卑和單純，使它成為個性的一部分，這樣就能成為上帝的孩子。主宣稱：「只有這樣才能升入天堂」。

了解你自己，了解你的工作，了解人性。然後就會了解成功。

如果你的作為沒有替你宣傳，你的嘴巴也不可以自我宣揚。

如果你無法享受安靜和獨處，你就不是成功的人。

總是被自己的事追著跑的人不可能迅速地發展。

電子書購買

爽讀 APP

國家圖書館出版品預行編目資料

富比士教你跳脫商業框架，建構非典型「成功價值」：市場分析 × 創新思維 × 企業管理，從商業領袖的思考模式借鑑，重塑未來財富與領導力的戰略眼光！ / [美] 伯蒂·查爾斯·富比士（B. C. Forbes）著，全春陽、關鍵 譯 . -- 第一版 . -- 臺北市 : 財經錢線文化事業有限公司 , 2024.05
面 ；　公分
POD 版
譯自：How to get the most out of business
ISBN 978-957-680-886-9(平裝)
1.CST: 企業管理 2.CST: 成功法 3.CST: 人生哲學
494　　　　113006113

富比士教你跳脫商業框架，建構非典型「成功價值」：市場分析 × 創新思維 × 企業管理，從商業領袖的思考模式借鑑，重塑未來財富與領導力的戰略眼光！

臉書

作　　　者：[美] 伯蒂·查爾斯·富比士（B. C. Forbes）
譯　　　者：全春陽、關鍵
發 行 人：黃振庭
出 版 者：財經錢線文化事業有限公司
發 行 者：財經錢線文化事業有限公司
E - m a i l：sonbookservice@gmail.com
粉 絲 頁：https://www.facebook.com/sonbookss/
網　　　址：https://sonbook.net/
地　　　址：台北市中正區重慶南路一段六十一號八樓 815 室
Rm. 815, 8F., No.61, Sec. 1, Chongqing S. Rd., Zhongzheng Dist., Taipei City 100, Taiwan
電　　　話：(02) 2370-3310　　　傳　　真：(02) 2388-1990
印　　　刷：京峯數位服務有限公司
律 師 顧 問：廣華律師事務所 張珮琦律師

定　　　價：375 元
發 行 日 期： 2024 年 05 月第一版
◎本書以 POD 印製
Design Assets from Freepik.com